智元微库
OPEN MIND

成长也是一种美好

脑熵

如何直击真相，果断决策

卫蓝 著

人民邮电出版社
北京

图书在版编目（ＣＩＰ）数据

脑熵 ： 如何直击真相，果断决策 / 卫蓝著. -- 北
京 ： 人民邮电出版社，2022.8
ISBN 978-7-115-59315-3

Ⅰ．①脑… Ⅱ．①卫… Ⅲ．①认知心理学—通俗读物
Ⅳ．①B842.1-49

中国版本图书馆CIP数据核字(2022)第085721号

◆ 著 卫 蓝
责任编辑 陈素然
责任印制 周昇亮
◆ 人民邮电出版社出版发行　　　　北京市丰台区成寿寺路 11 号
邮编 100164　电子邮件 315@ptpress.com.cn
网址 https://www.ptpress.com.cn
涿州市京南印刷厂印刷
◆ 开本：720×960　1/16
印张：12.25　　　　　　　　　　2022 年 8 月第 1 版
字数：150 千字　　　　　　　　　2025 年 7 月河北第 5 次印刷

定 价：59.80 元
读者服务热线：（010）67630125　印装质量热线：（010）81055316
反盗版热线：（010）81055315

当一切都变得复杂时，我们该如何思考和生存

程序员经常会说到一个词——祖传代码，它是指那些经过一代代程序员的积累传承下来的代码。虽然这些代码混乱无比，漏洞百出，但是不能被随意修改，因为哪怕微小的修改都很可能造成系统的崩溃。

程序员也只能在这堆"祖传代码"上，小心翼翼地添加各种功能和修复各种漏洞，如同走钢丝一般，保持系统的运行。正因如此，手机和计算机的应用程序越来越复杂，增加了运行负荷。

其实，人类社会也是一个经过一代代运行和积累的系统。随着时间的推移，社会也变得越来越复杂和难以理解。

比如，为了更高效地生产衣服，我们创造了可以生产衣服的缝纫机；为了更高效地制造缝纫机，我们又发明了能制造缝纫机的工业车床……人类的生产系统变得越来越复杂。

为了更好地理解事物，我们必须学习前辈们留下的知识。随着时间的积累，我们需要学习的知识也越来越多。也许在 100 多年前，我们想要学习心理学，只能找到几十本不错的著作，而现在我们拥有浩瀚的文献，穷尽一生都无法读完它们。可以预见，未来的人想要了解一个领域，他的知识负担（knowledge loading）会越来越重。

各个领域都有一个明显的趋势，就是系统越来越庞杂。手机从只能打

电话、发短信，到拥有成百上千个功能；城市人口从几万人变成几百万、几千万人；法律的条文不断地因新事物打上新的"补丁"……

社会变得越来越复杂，这也导致大脑有越来越多无法理解的现象，也会犯越来越多认知上的错误。 这就像一台系统老旧的计算机，它无法加载越来越复杂的程序，系统的漏洞也会越来越多。

在自然界中，大脑被复杂环境欺骗的例子比比皆是。飞蛾会把灯火识别为太阳，导致飞蛾扑火；猫被捏住后颈时，会误以为是猫妈妈在帮它做安全转移，从而变得放松；公鸡在强光照射下，会误以为是天亮而打鸣；哺育期的雌鸟会被幼鸟叫声的录音吸引；还有很多动物会疯狂攻击镜子中的自己……

当然，人类也不例外，而且人类所受的欺骗比其他动物还要多。如果说人类比其他动物聪明很多倍，那么我们的社会环境、需要处理的任务则比其他动物复杂更多倍。因此，我们遇到的麻烦反而更多。

那么，我们会因为哪些情况被欺骗，或者说产生错误认知呢？

第一，人会因为感知的特性而出现错误认知。 比如，优秀的画家可以通过阴影、线条、对比和色差等方式，欺骗我们的大脑，让我们误以为平面的画是立体的。

第二，我们还可能因为事物过于复杂而被欺骗。 比如说，对于某些互联网平台拟定的成百上千条的隐私协议，我们无法一一甄别，最后才发现隐私早已被窥探。

第三，我们还可能因为他人的故意欺骗而产生错误认知。 在互联网时代，我们所接收的信息真假参半，其中有一些是人为制造的谎言，信息发布者试图误导我们以便从中牟利。

第四，我们还可能因为主观判断而产生错误认知。比如，许多老一辈的人认为白色是不吉祥的颜色，因此对白色婚纱产生抗拒，无法接受这些新事物。

如果我们一直无法看清真相，总是以一种错误的思维方式看待事物，就很可能陷入贫穷、危险、痛苦和无助的困境之中。**因为大脑对信息的处理能力会影响我们的生活质量！**

一个错误的判断可能会让我们失去机会；一次被欺骗的经历可能会让我们损失金钱；一个不当的选择需要我们用大量的精力来消除影响；一个陈旧的观念可能给我们带来不必要的麻烦。

当我们用一种低质量的信息处理方式来看待事物时，这些糟糕的问题就会不停地出现在生活中，耗费我们过多的精力、金钱、时间和心力，让我们无力投身于更需要想象力的、与未来发展有关的事情中。自然而然地，我们也就只能过着低质量的生活。

想要提高生活质量，我们必须提高自己处理复杂信息的能力，提高对事物的理解能力，减少被欺骗的情况。

当所有的事物都在变得复杂时，我们的大脑也需要提高对复杂信息的处理能力。心理学家罗伯特·X. 史密斯（Robert X. Smith）将这种能力称为脑熵（brain entropy）。[1]

熵衡量的是一个系统的复杂性。而**脑熵并不是指大脑的混乱程度，而是指大脑可以访问的神经元的数量水平，用来衡量大脑对复杂信息的处理能力**。这也是研究大脑机能的一项重要指标。脑熵越高，说明信息处理能力越强，大脑神经活动越不规则。

格伦·N. 萨克斯（Glenn N. Saxe）等人通过研究发现，脑熵高的个体会拥有更高的智力、更强的创造力，也能应对更复杂的问题。[2] 我们常说的天才，其实并不是说他们天生就掌握了某项技能，而是说他们学得快、学得好。而这种优势，也在于他们有更高的脑熵、更优秀的信息处理方式。

提高脑熵的本质是优化我们大脑的算法。我们可以以简单的数学题为例，来解释这个过程。

假设我们眼前有 20 个苹果，如果要知道苹果的数量，初学数学的小孩子可能会用加法，一个一个数。而我们可能会用乘法来运算，用 4×5 或者 2×10 的方式计算出来。如果是数出好几百个苹果，小孩子的方法更容易出错，而乘法则可以更快、更准确地算出答案。在这里，我们会认为小孩子的脑熵更低一些，他们解决问题的水平较为有限。

我们再说一些更复杂的问题。比如，如何将产品卖出去？如何成为一个领域的专家？如何预测某种趋势？如何理解计算机的运行？

对于这些问题，人与人之间的算法也不尽相同，有些人的算法很低效，就像用数数的方法数出十万多个苹果一样，而有些人掌握了一套更好的算法，可以又快又准确地完成这些任务。

正是大脑处理信息方式的差异造成了人与人之间的差距。那么，我们怎样才能优化大脑的算法，提高脑熵呢？

首先，我们需要优化信息收集的算法。

我们都清楚，能量在传递过程中会发生耗损，无法 100% 传递。类似地，信息在传播过程中也会产生耗损，以至于对于同样的信息，不同的人会获知不同的内容。

在统计学中有一句名言："数据不会说谎，但统计数据的方式会。"类似地，**我们会因为注意力有限、知识面狭窄、视角不全面或主观感受有偏差等因素，对同样的信息产生不同的态度和理解。**这很容易造成信息的耗损或扭曲，导致我们无法全面而准确地看待事物。

如果我们收集信息的方式存在诸多漏洞，就更容易掉入认知的陷阱，也要为此花更多的时间和精力。因此，我们需要优化信息收集的算法。

我们可以通过笔记、图片和视频来记录信息，减少信息损耗和变形；可以运用尺子、电子秤、显微镜等工具，获取更客观、准确的信息，减少主观感知导致的误差；我们还可以用概念、定义、关联等思维方式，尽可能还原事物。

其次，我们还需要优化信息加工的算法。

为什么古人可以从满天繁星中看到星座和星宿呢？因为好的信息加工方式可以帮助我们从看似混乱的事物中找到规律。为什么人们又会有那么多迷信行为呢？因为糟糕的信息加工方式会导致我们形成错误的因果认识。

如果生病了就想着烧香拜佛，失败了就认为自己运气不好，做不好事情就认为自己缺乏天赋……那么，这种糟糕的信息加工方式，只会带来更多的麻烦。因为你永远不知道问题出在哪里，下次面临同样的境遇时，你还是会重蹈覆辙，陷入恶性循环。

因此，我们必须优化自己的信息加工方式，这样才能在繁杂的信息中找到规律，在千丝万缕中看见因果关联，在艰难困苦中找到方法。

再次，我们更需要优化运行过程中存在的偏差。

任何一个系统在运行过程中都会产生例外，就像基因的编码总会产生变异。任何一个系统在运行的同时，系统内和系统外都在发生改变，都在往更复杂的方向变化。

而为了适应偶然的随机性或者必然的复杂化，我们必须学会调整自身，提高对环境和事物的兼容性。

当系统出现错误时，我们要纠正它们，而不是忽视或者否认它们。这样才可以避免问题持续发酵，避免系统性灾难的发生。当系统或外部环境发生改变时，我们要对自己做出调整，让自己拥有更强的适应性。

最后，我们更需要优化自身存在的 bug[①]。

每个人或多或少都存在认知偏差，这些偏差就像大脑系统内在的漏洞，会影响我们公正地看待事物。

这些偏差，有的会让我们无法看清自身存在的问题；有的会导致我们产生偏见；有的会导致我们只能看到事物的表象；有的会让我们排斥新事物；还有的会让我们变得越来越固执和狭隘。

因此，我们必须认识这些漏洞，当我们思考、判断、选择和学习时，适当地提醒自己"我们拥有这些认知偏差"。另外，我们还可以运用一些认知策略，给这些"系统漏洞"打上补丁，减少它们的负面影响。

总之，当我们周围的事物变得越来越复杂时，我们也必须提高自己

---

① bug 指计算机程序中的漏洞和故障，文中意指人大脑认知上的不足之处。——编者注

的脑熵，让自己拥有更强的信息处理能力。这样，我们才能更好地适应环境，降低被欺骗的风险，提高生活质量。

这也是我写作本书的目的。接下来，我们就以提高脑熵为目标，开始关于本书的阅读和学习吧！

目录 • CONTENTS

第七章　信息的诡计
在注意力稀缺的时代，如何避免被欺骗 _155

后记　知识的种子 _173

参考文献 _177

知识的功能：
思维的质量决定生活的质量

很多科幻片中会出现一个角色——先知。他们拥有预见未来的能力，比常人更早知道未来的样子。他们还会告诉大家事情接下来会如何发展，让大家提前做好准备，努力改变未来的命运。

一个"先知"具备的优势是何等明显。过去的选择决定了现在的我们，而当下的选择会决定未来的我们。如果我们能够预知未来，就可以提前做出正确的选择，让自己更可能实现一个困难的目标。

那么，如果有一个方法能让你成为"先知"，你愿意尝试吗？

1. 知识的功能

其实，学习知识就是成为"先知"的途径之一。为什么这么说呢？**因为知识能帮助我们对事物进行描述、解释、预测和控制。我们先了解和描述出事物的表象，再进一步探究和解释它的成因，预测接下来的发展，最后则给出方法，控制它的发展方向。**

一个医生通过学习医学知识，可以诊断患者的疾病，解释疾病的成因，预判疾病会如何发展，给患者制订医疗方案。这就是一个"先知"在做的事——预测未来，并尝试改变我们被疾病缠身的命运。

这样的例子数不胜数。气象学家预测天气状况，并提出出行带伞的建议，改变我们被日晒雨淋的命运；生物学家预测环境变化趋势，并提出保护环境的方法，改变环境失衡的命运；经济学家预测经济发展趋势，并提出政策建议，避免经济危机……

这些例子本质上都在说明人们可以利用知识成为不同领域的"先知"，帮助大家看到未来并采取措施使事态向好的方向发展变化。而且随着科学家对物理世界和心理世界的探索越来越深入，知识积累越来越丰富，我们预测这个世界的能力也越来越强。

记得小时候，我们经常会抱怨电视里的天气预报不准，认为天气预报就是"瞎报"。而现在，天气预报不仅准确率非常高，而且能够预测很长一段时间的天气变化。这种进步是因为人类积累的气象学知识越来越丰富，以及观测设备的性能不断提升。

其他领域也呈现这样的趋势——人类对未来的预测越来越准确，且具有持续性。通过力学定律，可以准确判断卫星的运行轨迹；通过传染病传播模型，能够预测传染病的传播路径；通过香农的信息论模型，可以计算信息的传递效率……

所以，成为"先知"的最佳途径是学习各种知识。**知识越多，其价值就越大**。因为我们可以借助知识实现对未来更精准的预测，也更容易对症下药，解决未知的问题。

2. 认知偏差

在预测未来的道路上，我们依旧需要解决非常多的问题。其中一个就是我们的认知偏差。

　　大多数人对这个世界的认知存在巨大的偏差。这些偏差的产生有些是因为片面的思考，有些是因为固有的偏见，有些是因为思维的惯性，甚至有些是因为认知的扭曲。它们就像一面哈哈镜，让我们在认知事物时出现了失真。

　　而且，人们的认知偏差是系统性的。这里的系统性涉及两个层面。

　　第一，人们对世界的错误认知不是偶然和随机的，而是必然且有规律的。换句话说，这些偏差存在于我们的大脑系统之中，并以某种有规律的方式呈现，这是导致我们认知和思维犯错的内在因素。

　　举个例子，我们在一张纸上画出一个正方体（见图 0-1）。我们认为这个图形是立体的，是因为我们通过线条、阴影、距离和对比等方式产生了一种感知错觉。除此之外，我们还会产生情感错觉和认知错觉。如果将这样的信息作为我们思维的参照，难免会产生认知偏差。

图 0-1　在纸上画出的正方体

　　第二，这种偏差存在于生活的方方面面，存在于整个世界系统之中，没有一个领域可以幸免。这是人们产生认知偏差的外在因素。

换句话说，这是路径依赖导致的结果。大脑的内在认知机制导致我们获得的信息、经验、数据和知识或多或少存在偏差，而这种偏差会在传播者和媒体的报道扩散中不断增多和放大，导致生活中存在各种各样的认知偏差。我们常说的三人成虎、众口铄金、无中生有、空穴来风，这些都是认知偏差在传播中被放大和扭曲的结果。

在某种程度上，"每个人都生活在一个充满偏差的世界里"。这些认知偏差，有的是无知引起的，有的是视角问题导致的，有的是因被欺骗而产生的，还有的是因为自大和狂妄而滋生的。而认知偏差又会导致一系列问题。

我们会因为认知偏差而无法做出正确的判断和选择。我们很难弄清楚谁是朋友、谁是敌人，以至于被欺骗和伤害；我们无法清晰地意识到自己追求的到底是什么，以至于陷入迷茫或者误入歧途；我们在人生的关键抉择上可能做出错误的决定，以至于人生就像多米诺骨牌一样遭受持续影响……

而这些低质量的思考、选择、判断和尝试，会造成个人的生活处于低质量状态。我们只能花更多的时间去懊悔之前做过的决定，不得不用更多的精力去弥补之前犯下的错误，甚至可能因为不正确的判断过上贫困而痛苦的生活。这也是大多数人无法改变自己命运的根本原因。

如果说体育活动的基础是柔韧性、速度和力量，那么思维活动的基础就是认知能力。因此，我们需要花些时间学习能够提高认知能力的知识，避免和减少认知偏差带来的错误思考和错误判断，进而提高人生的质量。

想要提高自己的认知能力，要先意识到自己存在认知偏差，进而学习与认知相关的知识。

我们往往无法意识到自己的认知偏差和思维错误，因为我们被潜意识的偏心和自我中心主义蒙蔽了双眼，无法看到自身存在的种种问题。相反，我们还是"推卸责任"的好手。无论什么错误，我们都能从他人和环境中找到"替罪羊"。

正因为如此，很多人并没有意识到自己在认知上存在需要改进的地方，因此也会否定认知类知识的价值，认为这些知识虚无缥缈、华而不实。

实际上，正如前文所提到的，知识能帮助我们对事物进行描述、解释、预测和控制。认知类的知识也是如此，它们可以帮助我们描述人们经常出现的十几种认知偏差，解释这些偏差出现的不同原因，预测我们在思考时会出现的错误，并且给出更有效的思考方法，进而提高我们的选择和判断能力。

总之，我们需要不断减少认知偏差的影响，做出尽可能接近真相的思考。

3. 可变性和特异性

克服了认知偏差并不代表我们就能准确预测未来，那只是较为关键的一步。接下来，我们还需要了解物理学领域和心理学领域的一些规律。

物理学领域的规律不会因为人们相信什么而发生改变，但是心理学领域不一样，心理学的规律会随着我们选择相信的事物改变而改变。这也是

二者之间最大的区别。

在物理学领域，勾股定理或其他数学定理不会因为谁不相信就发生改变，约束它们的只有成立的条件，而不是人们相信或者不相信。但是人的心理发生改变时，结果可能发生变化。比如，当每个人都相信某只股票价格会上涨而纷纷买入它，结果就是它的股价真的上涨了。

正是人心理的可变性和行为的特异性，导致很多关于人的预测无法做到真正准确。

我们只能用统计学的知识，统计和测量人们行为具有的某类偏向，但是这种概率统计只能预测群体偏向和行为，却无法预测特定个体的行为和心理。

换句话说，关于人的预测，我们只能找到规律，但无法找到定律。 比如，一个村庄的人都很喜欢吃香蕉。但如果我们从中挑选一个人，让他从香蕉和苹果中选择自己喜欢的水果，我们可以预测他可能更倾向于选择香蕉。但是，他也可能想换一个口味试试，而最终选择了苹果。

这种有规律但没定律的情况在现实中随处可见。比如，一个经常锻炼、保持良好作息和饮食习惯的人，还是可能患上重病；而一个有诸多不良嗜好的人，也可能健康和长寿。

虽然我们都知道锻炼、保持良好的作息和饮食习惯，更可能让我们健康长寿，但这只是规律，是一种更大的可能性，而不是100%的确定性。确保每个这样做的个体都能保持健康和长寿。

几乎所有的预测都与人的行为和心理有关，因此，了解一些心理学模型可以帮助我们减少思维错误和判断错误。

4. 复杂系统

想成为"先知"，摆在我们面前的还有一道坎，那就是系统的复杂性。生活中的很多问题会涉及复杂系统。这些问题无法只用特定领域的知识来解决，而是需要运用不同领域的知识。

比如在解决一些环境问题时，可能要用到生态学、工程学、政治学、人类学、社会学、地理学、经济学和植物学等领域的知识。

又比如你要创立一家企业，生产环节可能需要运用工程学知识，销售环节需要运用营销学知识，协调和决策环节需要懂得管理学知识，融资环节需要懂得金融学知识，风险控制又需要懂得法律知识。

我们既需要这些不同领域的知识来推进工作，也需要在这些不同领域之间保持平衡。这就是复杂系统带来的难题。

如果用中国象棋比喻简单系统的问题，那么复杂系统的问题就像多人扑克。中国象棋拥有非常高的确定性，双方拥有同样的棋子儿，在博弈过程中，每步棋也公开透明。如果有算力强大的计算机的帮助，很容易找到最优走法。

而复杂系统更像多人扑克，一开始就有运气带来的随机性。它的博弈过程并非公开透明。因此，在博弈过程中，人们会利用假意示弱或者虚张声势的方式让对方捉摸不透，影响对方的判断。

想要在复杂系统中看到未来，就要了解复杂系统的一些特性和应对策略，尽可能做出正确的判断和选择。

了解复杂系统的特性，可以帮助我们判断一个问题究竟是复杂系统的问题，还是大脑"算力"不足导致的问题。比如，五子棋、象棋和围棋，这些对弈都有一套算法可以解决，只不过在实践中我们"算力"有限，无法准确预测变化。

另外，可以通过设置优先级来思考复杂系统的问题。当一个问题涉及多个领域时，可以先确定这个问题涉及的知识领域，同时选择其中两三个优先级较高的领域作为判断的主要标准，以此尝试解决问题。

总之，对于复杂系统，我们需要用更多的技巧和方法来预测，这也是提升个人智慧和能力的必经之路。

5. 对事实的运用

陀思妥耶夫斯基在《罪与罚》中写道："我们有事实，但是事实不能代表一切，至少事情的一半在于你怎样去对待这些事实。"

的确如此，即使事实摆在眼前，我们还是可能因为注意力有限、思维能力不足或者干扰过多，而无法将事实利用起来。

我们每个人每天都在看着事物不停地运动、不停地变化，但是只有牛顿找到了物体运动的正确规律；我们每天都会有成千上万次心理活动，但只有少数心理学家找到了心理活动的原理；我们接受了很多教育，但并不是每个人都会变得有智慧。

可见，想要成为一个充满洞见的人，不仅需要看到事实，还需要学会运用事实。

1989年，管理学家罗素·艾可夫（Russell Ackoff）在《从数据到智慧》一文中提出了智慧层次理论，即 DIKW 模型（见图 0-2），作为认知事物和产生智慧的过程。[1] 他认为，**人们产生智慧要经过一个从数据（data）到信息（information）再到知识（knowledge）最后变成智慧（wisdom）的过程。**

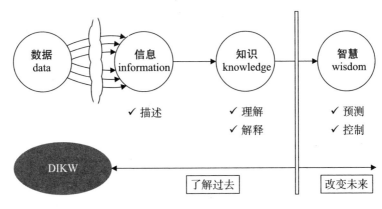

图 0-2　DIKW 模型（有删改）

　　我们可以将满天繁星作为例子。每颗星星都是一个数据，而我们通过比较和分类等方式，将这些星星分成不同的星座、不同的群体，数据在这里变成了信息。接下来，我们发现北斗七星像一把勺子，并且末端指向北方。于是，信息变成了知识。如果我们迷路了，根据北斗七星识别方位就是一种智慧。

　　数据和信息一直存在于环境之中，而如何将它们变成知识和智慧，需要我们从已知中寻找未知。正如 IBM 董事长罗睿兰（Ginni Rometty）所说："我们的价值不在于我们知道什么，而在于我们能够运用什么。"

　　我们可以把自己的思维比作计算机的运算。**计算机想要准确识别、判断和理解信息，需要强大的算力、准确的算法和大量的数据。**[2] 为什么一些人会觉得读书无用？因为他们空有"数据"，但是"思维算力"不足，或者没有准确的"思维算法"。因此，他们无法将数据转变成知识和具有指导价值的智慧。

因此，**我们必须用科学的思维，通过比较、抽象、归类、控制等方式，在混乱无序的数据中发现联系，在复杂多变的信息中发现因果关系，最后再通过日积月累的知识形成智慧。**

6. 预测，只是改变的开始

虽然我多次提到成为"先知"，但这不过是为了让大家更清晰地意识到避免认知偏差和提升思维能力的重要性，并不是说学习了这些知识就真的能看到未来和改变命运。

在这本书中，我能提供的也并不是什么成为"先知"的诀窍，而是一个看待事物的新视角。当我们克服了一系列认知偏差，能透过事物的表象思考，我们看到的世界将是全新的面貌。

如果我们用错误的思维看待世界，就会不停地做出自认为完美，实际上大错特错的判断，最终导致一系列糟糕的后果。更可怕的是，绝大多数人对自己思维的困境浑然不知。

我想做的只是在他们耳边提醒一下：有没有其他可能性呢？是不是遗漏了什么环节？仅此而已。这也是一个人成长和改变的关键一步——意识到自身存在的不足。

我们还可以利用这些思维改变一些事情，比如将运气转化成实力。 下象棋的人输了，他们只会承认自己技不如人；但是玩扑克牌输了，很多人会觉得是自己运气差。其中的区别就在于下象棋非常依赖技能水平，而玩扑克的胜负，则会受到随机性的影响。

实际上，我们生活中有很多事既有运气的影响，也有能力水平的影响。而我们需要做的就是通过思维学习，减少运气部分的随机性，增加能力部分的确定性，进而让自己更容易理解和把握事物的运行规则。

举个例子，在 1930 年之前，人们都认为打广告能否卖出产品，纯粹是一个运气问题，具有完全的随机性。而随着人们对心理学和行为学的深入研究，尤其是行为主义的发展，让越来越多人意识到：广告能否成功影响消费者，其实是有迹可循的。只要掌握了背后的心理学原理，人们就可以设计出更有效果的广告，将部分"不稳定的运气"转变成"稳定的实力"。

总之，这本书是为了让大家减少对真实世界的认知偏差，提高对事物的敏感性。即使我们无法预测未来，也可以更清楚地看到媒体信息隐藏的关键内容，从无序的事物中看到一些规律，进而更好地把控事态发展。

本书以知识的 4 个功能作为框架，结合脑熵的理念，提出了优化心智算法的四部曲，分别是准确描述、合理解释、有效预测和反馈控制。同时，为应对日益复杂的环境和真假参半的信息，本书也讲述了如何减少自己的认知偏差、避免启发式思维的惯性，以及如何识破信息的诡计。这 7 个方面共同构成了提高信息处理能力的 7 个维度。

接下来，让我们在自我剖析和思考中，一起提高应对复杂环境的信息处理能力吧！

第一章

感知与表象
人类如何获得超越感知的能力

我们知道，知识能帮助我们对事物进行描述、解释、预测和控制。用一句话概括就是，**透过现象看本质，根据趋势找方法**。

我们必须先弄清楚事物的表象，然后挖掘事物的本质，进一步分析事物的发展趋势，最后找到对应的解决方法。在这个过程中，最关键的步骤就是准确描述现象。如果我们对事物表象的描述都是错误的，那么后面的步骤都只能是在错误的道路上越走越远。

读大学的时候，我兼职做过一次绘画模特。我一动不动地坐在椅子上，下面差不多有十多个美术生，时而对着我比画手势，时而皱眉思考，时而快速动笔。我心想，他们看上去都很专业，肯定把我画得很帅。

一个半小时后，我起来休息，也想去看看自己在美术生笔下的"美貌"。结果我看到了各种惨不忍睹的画，心中也充满了疑惑：我颧骨有这么高吗？我的头是正方形的？我的鼻子像猪鼻子？我的嘴唇怎么跟香肠一样？

即使"真相"就在这些美术生面前，他们也会因为自身能力或者认知上的不足，无法准确"描述"。而且即便在这种没有任何干扰的情况下，他们也只能按照自己心中所想，将看到的事物描述出来。

很多事物的表象可不会直接呈现在我们面前。它们会在各种干扰因素的影响下，发生一些改变，以至于我们无法看清楚它们的真实面目。

举个例子，很多人以为水是无色的。其实这是一个错误的表象认识。实际上，纯净无杂质的水是浅蓝色的，而不是无色的。只不过在自然条件下，水中存在一些具有吸光性的杂质，这才使水呈现为无色。[1]

我们再看一个更贴近生活的例子。你认为是医院里发黄且有污渍的被单干净还是酒店里平整洁白的被单干净呢？如果从表象看，肯定是酒店的被单干净。然而，医院的被单虽然看上去不干净，但是经过了无菌化处理，更不容易传染疾病。如果从表象看待这两张被单，我们就会产生错误的认识。

只有对事物表象有正确的理解，才能找到问题的真正原因和准确的预测方式。因此，想要真正看清事物，我们必须学会准确描述事物。

感知

想要准确描述事物的表象，首先要对事物有正确的感知。我们通过眼睛感知画面，通过耳朵感知声音，通过皮肤感知触碰、温度和湿度，通过鼻子感知气味，通过舌头感知味道。

每一种感觉通道都有一种感觉记忆。这些记忆会短暂地保留我们受到的外界刺激，但是很快就会被遗忘。

在这短暂的时间里，如果这些感觉信息没有被意识到，就会消失。而只有被我们注意到的信息才会进入记忆中。如果我们反复用到这些记忆，它们就会进入长时记忆系统并被储存起来，如图 1-1 阿特金森（Atkinson）和谢夫林（Shiffrin）的记忆模块模型所示。[2]

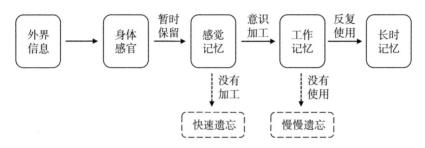

图 1-1　阿特金森和谢夫林的记忆模块模型（有删改）

在生活中，利用感觉记忆进行选择和判断的情况非常普遍。英语考试的听力部分就是利用声像记忆，让我们在短时间内记住听到的内容，并且回到相应的问题；一些智力游戏会利用我们的图像记忆让我们记住一闪而过的图片内容，然后提问关于画面的细节。

一些专业人士也会通过感觉记忆来做判断。古董专家会通过观察和触摸来鉴定古董的年代和价值；品酒师会通过品尝判断不同酒类的档次；长跑运动员会通过倒计时指令做起跑准备。

试想一下，如果我们丧失了某种感知能力会出现什么情形？我们会因为无法看到而被障碍物绊倒；会因为听不到而不知后方来车；会因为没有触觉被划伤也毫不知情；会因为闻不到气味不知道煤气泄漏；会因为没有味觉而无法享受美食。

这些例子，都是感知能力对我们思维过程、选择能力和判断能力最直接的影响。**如果没有这些感知能力，我们会因为缺乏信息而难以做出正确**

的选择和判断。

　　那么，是不是拥有了这些感知能力，我们就能正确感知事物了呢？并不是。我们的每一种感知器官都有不同的生理属性，这些生理属性也会影响我们感知事物的能力。尤其是视觉信息和听觉信息，这些信息对我们的认知和思考能力影响最大。

　　我们从外界获取信息的主要器官是眼睛和耳朵。根据心理学家伯格（Berger）的研究，人从外界获取的信息，有 84% 是通过眼睛获得，13% 是通过耳朵获得。L. D. 罗森布鲁姆（L. D. Rosenblum）通过研究发现，在人们获取信息的方式中，视觉占比为 83%，听觉为 11%。[3]

　　因此，如果要准确描述事物，主要运用的也是视觉信息。接下来，我们主要分析视觉信息的获取方式和存在的问题。

对比

　　我们的眼睛一直在说谎。在心理学上有很多视觉错误的研究。其中比较常见的有缪勒–莱尔（Muller-Lyer）错觉。两条长度相同的轴线，分别在其两端画上不同指向的箭头，就会让人产生一种视觉错觉，认为箭头指向轴线的那根线更长（见图 1-2）。

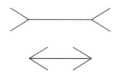

图 1-2　缪勒–莱尔错觉

这样的视觉错觉还有很多，比如艾宾浩斯错觉（Ebbinghaus illusion）、德勃夫错觉（Dolboef illusion）、普根多尔夫错觉（Poggendorff illusion）、左氏错觉（Zollner illusion）[4]。历年世界视觉错觉大赛都有非常多不错的作品，感兴趣的可以自己去了解和学习。总之，这些视觉错觉都指向了一个方向：眼见不一定为实。

那么，我们为什么会产生这类错觉呢？由于产生这种错觉的生理学原因过于复杂和缺乏可读性，此处就不进行详细阐述了。总体而言，这类错觉与我们的感知特性有关。**我们对事物的感知，取决于事物所处的情景，以及我们以往对这些事物的认识。**

我们对事物的认识需要通过对比。如果没有"好"，我们就不知道什么是"坏"；如果没有"丑"，我们就不知道什么是"美"；如果没有"小"，我们就不知道什么是"大"。

成为"井底之蛙"本质上是因为缺乏对比，不知道更大的世界是怎样的，以至于认为自己看见的"天"是最大的。

大学的时候，我网购了一个无线感应键盘。这个键盘有时会断触，导致我输错字。我一直以为这种无线感应键盘都是这样，毕竟信号不稳定很正常。后来我借用了别人的无线感应键盘，才知道原来无线感应键盘使用起来可以这么"丝滑"。通过对比，我才知道自己的键盘有多劣质。而因为无知，我竟然忍受了它3年。

又比如，将一只手放进冷水，另一只手放进热水，过一段时间两只手再同时放进温水，这时两只手对温水的冷热感觉是完全不同的。在热水中浸过的手会感到温水是冷的，在冷水中浸过的手会感到温水是热的。

可见，**对比是我们认识世界、感知差异的主要方式**。因此，我们对事物的感知也会因为事物所处的环境和对比物的不同，而产生不同的错觉。

当然，更有意思的是，即使我们知道了错觉的存在，在每次看那些错觉图片时，还是无法克服自己的错觉。在感受上，我们依旧觉得两者（比如图 1-2 中的轴线）之间存在差异。这也印证了，人们对世界的认知存在系统性的偏差。

这和我们在其他方面的认知偏差是一样的——即使我们知道自己存在认知误区，仍然无法纠正。即使这次勉强纠正了，下次又会重蹈覆辙。

我讲一个自己的经历。

几年前，我刚落脚深圳，想通过房产中介租一间房子，中介先带我去看了一间"老、破、小"的房子。我对这套房子充满了嫌弃，心想 6000 元就住这样的房子也太让人难受了。接下来他带我去了另一间比较一般的房子。虽然我觉得这间房子的毛病也很多，不过对比刚才那间，我已经知足了。又因为我比较着急，所以就租下来了。结果就是，后面为此发生了很多不愉快的事情。

即使我很熟悉对比效应，可是当这种对比真实地出现在我面前时，我依旧无法克服这种简单的策略，进而被隐瞒和欺骗。

这类视觉错觉不仅停留在科学研究中，也被广泛运用在设计和生活领域，影响着我们的思维和判断。

高跟鞋不仅有增高功能，在视觉上也利用了缪勒-莱尔错觉的变式，让腿看上去更长。一些人喜欢在拍照时将一条腿往前微微伸出，让自己的腿看上去长一些，实际上也是利用了缪勒-莱尔错觉原理（见图 1-3）。

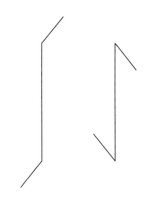

图 1-3　生活中的缪勒-莱尔错觉（简笔表示）

我们再来看看艾宾浩斯错觉 [5]：图 1-4 中两个大小相同的黑色圆圈，当它们被不同大小的圆圈包围时，我们会觉得它们的大小发生了变化。类似地，我们对环境中不同群体的对比也会影响我们的认知。

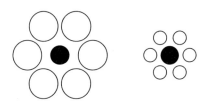

图 1-4　艾宾浩斯错觉

比如，我的身高是 173 厘米，在南方同年龄段男士中算是中上水平的身高，但是到了北方，面对一群身高超过 180 厘米的大汉，我会感觉自己特别矮。这些认知上的错觉与艾宾浩斯错觉异曲同工。

另一个视觉错觉——德勃夫错觉（见图 1-5）也被运用到了很多商业领域。[5] 德勃夫错觉是指用不同规格的盘子盛放同样多的食物，会让人对食物分量和饱腹程度产生不同的感受。比如，餐饮店的老板通过使用更小的盘子盛放食物，让你产生食物很多的错觉。更有趣的是，研究结果发现，使用大盘子的人会不自觉地进食更多，而且会觉得进食不足。而使用小盘子的人会吃得更少一些，而且更有饱腹感（所以，你想让一个人多吃点饭，不一定需要劝，你只要给他换上一个大盘。这也是一个将知识运用于实际的过程）。

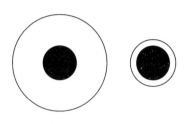

图 1-5　德勃夫错觉

感知上的错觉，会给我们带来思维上的偏差，这些偏差又会影响我们的判断和选择。不过，这类错觉问题还属于比较容易克服的问题类型，而下面两种感知问题对我们的分析和识别，有着更难以克服的影响。

模糊性

我们再来了解另一种形式的知觉错觉，那就是模糊性场景。当事物存在模糊性时，我们的大脑就会开始"脑补"，将未知或模糊的信息拼凑成熟悉或完整的信息。

图 1-6 就非常深刻地说明了这种现象。通过不同的角度观察，这幅图可以看成一位婀娜多姿的少女，也可以看成一位老态龙钟的老妇。[4]

图 1-6　两可图形

再比如卡尼萨三角形（Kanizsa triangle，见图 1-7），[6] 在图 1-7 中，我们可以清晰地"看到"一个倒着的白色三角形。其实这个三角形并不是真正的三角形，而是大脑对模糊场景的解读。

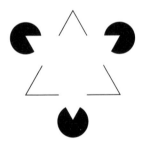

图 1-7　卡尼萨三角形

认知学家大卫·E.鲁梅哈特（David E. Rumelhart）认为，人们认识事物的方式并不是整体识别，而是通过特征识别。[7] 我们通过自身的经验，快速地识别事物的特征。当事物出现某些特征时，我们会将它与以往的经验联系起来去分析和判断。

前文所述的卡尼萨三角形中的白"三角形"并不是一个完整的三角

形，但是它拥有三角形的特征，因此，大脑会自动将它与我们已知的三角形联系起来。我们也把人类的这种特征识别系统，称为贝叶斯识别网络，本书第六章对此有较为详尽的介绍。

当我们看天上的云朵时，"脑补"功能也会起作用。我们会将云朵看成飞奔的马儿、健壮的巨人或者躲在云里的鸭子，这些想象都是"脑补"能力的表现。

这也是人类最基本的视觉性质之一。我们倾向于将环境中模糊不清的部分脑补成一个清晰的对象。这样做可以让我们在瞬息万变的世界里，拥有更高的确定性和安全感。

但是这会造成很多认知错误。因为错误的描述会让我们做出错误的解释和判断。举个例子，我在某乡村便利店买了一盒奥利奥饼干，但是吃起来发现味道怪怪的，仔细一看，我才发现自己买的是"粤利奥"。

这就是用特征来判断事物可能会出现的问题。从包装、颜色和字形上看，这盒饼干和"奥利奥"饼干的相似度非常高，但是两者并不是同样的事物。显然，如果我们用模糊的感知去感知事物、描述事物，很可能会犯类似的错误。

我们如何"脑补"，取决于自己的期望、经验，以及事物的一些特征。英国剑桥大学的神经科学家理查德·格雷戈里（Richard Gregory）甚至认为，人们在处理视觉信息时，80% 取决于我们的记忆，而非眼前真实的事物。[8] 换句话说，我们会根据已有的知识、所在的环境和周围的线索等因素，将一些模糊的事物脑补成较为符合环境的事物。

比如，"我有一只猫，还有一条狗，以及一头 ___。"这个句子里，人们会很自然地认为空格上应该填写一种动物。如果我最后填的内容是"一头秀发"，人们都会感到一头雾水。

脑补能力对我们认识事物有利有弊。一方面，它可以帮助我们更加快速地认识事物，通过局部判断整体，达到一叶知秋的效果；另一方面，我们可能陷入固定的思维，运用不正确的经验判断新事物，导致盲人摸象、管中窥豹的错误认知。

在很多选择和判断中，我们都需要由局部猜测整体。因此，如何让"脑补能力"成为决策的工具而不是陷阱，是一个人学会预测未来的必修课。

选择性

心理学家唐纳德·布罗德本特（Donald Broadbent）认为，心理过程是一个信息传播和加工的过程。而注意力就像一个变频器，可以通过调整频率实现不同信号的接收。[9] 这就像一台电视，我们可以通过选择不同的电视频道观看不同的节目。

我们在感知外界信息时并不是照单全收，而是有选择地感知，无视那些不想要的信息。比如我们不会去感知臀部坐在椅子上的压力；专注的时候会听不见周围较小的噪声；阅读时会自动忽视阅读文本以外的事物。

这些信息一直都存在于环境之中，只不过我们的注意力像一个筛网，将这些不需要特殊加工的信息筛除在感知之外。这样可以大大降低我们的感知压力和大脑负担，提高信息的加工效率和行为反应速度。

选择性注意这张筛网的关键组成就是我们的目标。形成目标之后，我们的注意力就会开始形成一张适合这一目标的筛网，与目标有关的信息会被筛选和使用，而无关的信息则会被淘汰。

但是，当我们执着于一个目标时，也会因为忽视非常多的信息而影响我们的正确判断。

这就像自然界里的捕食者，它们发现猎物之后，会全神贯注地盯着猎物，这样可以保证自己不会跟丢猎物，提高自己的捕食成功率。但是当它们把注意力全放在猎物身上时，也会无法意识到更高级的捕食者正在它们的身后。最终的结果就是螳螂捕蝉，黄雀在后。

在我们做选择和判断时，过于看重一个目标也可能出现问题。著名心理学家丹尼尔·西蒙（Daniel Simons）等人为了研究人的选择性注意能力，设计过一项实验——看不见的"黑猩猩"。[10]

在上述实验中，研究者让所有被试观看一场篮球比赛的录像带。他们将两支球队分为"白衣队"和"黑衣队"。研究者要求被试在观看比赛的过程中记录"白衣队"球员的总投篮次数。在这场比赛的录像中，有一个装扮成大猩猩的人在赛场中间走来走去，保证所有人都能看到它，而且它还通过猛拍胸脯的方式吸引人们的注意。

实验结束后，研究人员对被试的记录结果进行分析，结果发现，被试对"白衣队"球员的投篮次数的统计误差不大。但是，当被问及是否看到"大猩猩"的时候，超过一半的被试回答"没有"。当被问及是否知道"黑衣队"球员的投篮总数时，几乎没有人能回答出来。

这个实验的结果，既表现了注意力的功能，也揭露了注意力的不足。

它可以让我们将所有的认知资源都投入特定的目标中，也会让我们忽视掉一些对正确认知事物很重要的信息。

应对策略

知觉错觉会影响我们对世界的感知。所以，我们必须正视这些错觉的存在，克服这些感知错误。而克服这些常见的感知错误最好的办法是学会利用各种工具。

工具是为了解决特定的问题而被发明出来的器具。也正是工具，让人类大大提升了工作效率，以及实现了一个个难以企及的成果。它们可以更好地替代我们的感知、思考和行动。因此，学会正确运用工具可以让我们更好地认识事物。

通过感觉来判断事物，是一种不靠谱的做法。因为每个人的知觉能力不同，每个人的感受也存在差异，这就会导致很多误差。就像做菜加盐一样，同一道菜，喜欢清淡的人可能觉得太咸了，而口味重的人却觉得没味道。

心理学者马修·邓恩（Matthew Dunn）做过一个有趣的实验。[11]他让品酒者鉴定5种不同价格的葡萄酒，价格分别为5美元、10美元、30美元、45美元和90美元。结果发现，品酒者对价格高昂的葡萄酒有更高的满意度。他们认为，90美元的酒显著好于10美元的酒，45美元的酒又远远好于5美元的酒。

然而，有趣的是，在这个实验中，5美元的酒和45美元的酒是同一种葡萄酒，而 10 美元的酒和 90 美元的酒也是同一种葡萄酒。

可见，感觉是很重要但是又没那么可靠的事物识别器。

而工具可以尽可能将事物的属性客观地反映出来。我们想要知道一支笔有多长，可以借用一把尺子测量它的长度；想知道一杯水有多热，可以借用温度计测量它的温度；想知道环境里的噪声有多吵闹，可以借用分贝仪测量它的声级；如果我们想记住一个场景中的事物，可以借用相机拍摄当前的画面。

工具也可以提高我们的判断能力。一个古董专家如果仅仅依靠手感和自己的知识来判断一件古董的年代和价值，会存在非常大的不确定性。但是如果能结合化学成分分析，比如通过仪器测量碳-14 的含量来鉴定年代，得出的结果会更加精准。

监控设备其实也可以被用作判断的工具。在没有监控设备之前，体育竞技经常发生裁定纠纷。即使是专业的裁判员，也可能因为视角问题出现错误判断，导致比赛变得不公平。将监控设备运用在竞技比赛中，无疑能给裁判员更多的判定参考，减少比赛双方及不同支持者之间的矛盾。

工具还可以帮助我们看到肉眼看不见的事物。比如在环境污染问题中，一条被污染的河流，里面可能含有大量的化学成分。如果没有化学仪器的分析，我们也许发现不了任何异样，但是通过化学成分的检验，比如化学耗氧量和光谱分析，就可以确定河流中的有机污染物和重金属含量。

显微镜的发明也是如此。如果没有这一工具，生物和医学的研究就无法进入微观层面。我们会因为无法看见这些微生物而无法推进生物和医学等领域的发展，更不可能创造出当下如此发达和丰富的医疗体系。

总之，在我们认知事物时，工具既可以减少个人主观感受带来的误差，也可以提供分析事物的证据，还可以帮助我们看见肉眼看不见的事物。

因此，当我们进入一个新的领域，要做的第一件事是掌握该领域的工具，让这些工具成为事物表象的信号放大器，帮助我们更准确地识别和判断。

而认知这个世界最强有力的工具是我们的语言，它也是我们最需要掌握的工具。人类也正是通过语言获得了超越感觉的信息，进而"看到"了越来越多无法被感知的事物。

语言

描述事物的表象还需要用到语言。

语言是由高度结构化和多样化的声音组合、书写符号、手势等构成的一种符号系统；语言也是一种用于沟通和交流思想的社会行为，帮助我们获得更多的外界信息。[12]

语言本身也是一种工具，而且是人类进化历史上最重要的工具。也正是因为语言，才诞生了人类文明。凭借着语言的信息传递功能，人们可以将过去的经验和智慧一代代积累起来，并且传承下去。

语言学家阿尔弗雷德·布鲁姆（Alfred Bloom）认为，能够获得关于世界的二手信息具有很多明显的优势，其中之一就是避免时间的浪费以及减少充满危险的尝试错误过程。[13]例如"神农氏尝百草"神话故事。神农氏帮助人们判断哪些植物是有毒的，哪些是可以食用或有药效的，使后代的人不用一次又一次地尝试，避开被毒死的危险。

人类正是借用语言获得超越感觉的信息，进而揭露事物的本质和规律。我们的概念化能力可以呈现事物的外部特征，也可以使我们认识其内部变化及关系，进而推测事物的发展变化。

但是，如果语言只能够通过口口相传的方式传递知识，那么知识的数量就很有限，而且还不一定可靠。更重要的是，随着一些经验丰富的人离世，很可能导致有价值的知识消失。因此，人类改进了语言的记录方式，将知识以文字符号的形式储存下来。

人类在石头、竹板和兽皮等载体上刻画描述事物的符号。这种形式不仅可以让知识的储存量得到成倍增长，还极大地减少了由于个人主观想法造成的知识扭曲。关键是，这种方式可以让知识保留更久，传播范围更广。两千多年前的物理学家阿基米德已经入土为安，但是他留下的知识却被世代相传。我们依旧可以在很多书中看到他的名言——只要给我一个支点，我就能撬起整个地球……

内部语言

上面的内容主要阐述了语言的符号功能和沟通功能。语言的另一个重要功能是概括功能，它可以将具象化的事物抽象出来，寻找事物之间的异同和关系等。

想要描述一个事物，我们既可以通过口头语言表达，也可以通过书面语言记录。但是在表达和记录之前，我们需要在大脑中将感知到的事物的特征抽象出来，再组织语言表达出来。

这个"抽象"和"组织"的思维过程就是内部语言。我们先通过视觉和听觉等感受器，接收外界的信息，然后在大脑中解码特定的特征和属性，识别出事物有区分性的部分，并归纳和总结这些有区分性的特征，最后将眼前的事物与大脑中已知的概念联系起来 [13]（见图 1-8）。举个例子，如果眼前出现了一只有羽毛、翅膀和喙等特征的动物，我们大脑中关于"鸟"的概念就会被激活，如果这时正在跟别人对话，我们就会脱口而出"那是一只鸟"。如果我们在写作文，就会写下"鸟"的这个字，将眼前鲜活的动物抽象成一个文字符号。

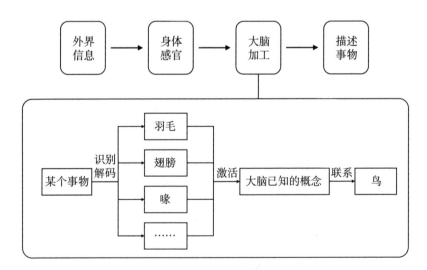

图 1-8　信息的特征识别模型

这就是一个认识事物表象的过程。这个过程对于人类而言，简直是一个毫不费力的自动化行为。然而在当前最先进的计算机系统中，即使输入了海量的参数、标签、知识和模型，计算机依旧无法像人类一样快速且准确地识别各种事物。

虽然我们的大脑没有计算机那么强大的算力，但是运算效率非常高。因为我们识别事物时运用的是特征识别，而非整体识别。我们不需要完全确认一个事物，而是将以往对事物的知识和经验作为判断的主要标准。

我们在学习的过程中，先积累大量的知识，在脑海中形成一本内在的"百科全书"，当看到一个事物时，就会将它与内在"百科全书"中的知识做比对，进而识别和判断这一事物；如果遇到一个事物与以往的经验不符，我们就会修正之前的知识；如果遇到一个未曾见过的事物，我们就会重新认识它，并将它录入"百科全书"。

在这本"百科全书"中，每个事物都会有一个概念，有一些清晰或模糊的特征。并且这些事物会形成一个内在网络，通过联系的方式互相印证和巩固。

这些概念本身就是语言的产物，也是一个符号系统。如果要准确描述这些概念对应的事物，就需要借助语言和各种符号。而如果一个人语言匮乏，他就没办法将自己知道的事物准确描述出来。

具体的事物会对应具体的概念。但是很多现象并没有具体的载体，而是以抽象的形式存在。比如将水杯放在桌子上，水杯和桌子都是具体事物，但是它们的位置关系却是一个抽象概念。在解决问题时，很多过程和方法本身只是一个概念。比如程序员解决一个程序漏洞，本身就是用语言概念的输入来处理问题。

从词性上区分，一个儿童在学习语言时会先掌握能够指代实物的名词，然后是动词、量词，最后则是介词、形容词、副词等。因此，儿童最初的语言表达形式为"电报语"，比如他们想要眼前的玩具车，他们不会说"我要玩具车"，而是会用手指着车说"车、车、车"或"要、要、要"。[14]

为什么会这样呢？因为儿童还未发展出高级的概念抽象能力。他们的语言表达只能指代有实体的东西，无法将行为或者虚拟的事物做进一步的概念化和抽象化。不过，他们在习得语言之后，会很快发展出将抽象事物概念化的能力。

语言丰富度

语言还未发育成熟的孩子，无法准确描述自己看到的事物。**而一个成年人即使拥有了这种抽象概括能力，也可能因为语言的匮乏，无法将自己看到的事物和现象描述出来。**

举个例子，我在三亚旅游的时候看到一个人冲浪，于是对朋友喊了一句"看，有人在冲浪"。朋友回复说"是的，这个季节三亚的涌浪挺大的，很适合冲浪，不过他用的是长板，应该是初学者"。我感到吃惊，向他提了"什么是涌浪""什么是长板"这些问题……我的内在"百科全书"也丰富了一些新内容。

在这个例子中，就是因为语言和认知的匮乏，导致我只能用非常粗略的视角描述眼前的冲浪现象。而我的这个朋友在冲浪上有更丰富的内在语言，因此看到了更多的细节，甚至通过这些细节，做出了"他是初学者"

的推断。

在其他领域也是如此。如果缺乏特定领域的专业知识，即使同样的场面出现在我们的面前，我们也依旧无法用精确的语言描述这些现象，更不可能通过表象看到更深刻的本质。这点也得到了心理学研究的验证。

心理学家奥兹根·E.（Ozgen E.）发现，在巴布亚新几内亚，一些部落和民族的语言并没有对蓝色和绿色进行区分，只是将他们看作同一种颜色的不同表现。与以英语为母语的测试者相比，他们更难快速区分蓝色和绿色。[15]

对于大众而言，能够区分蓝色和绿色算正常水平。然而对于一个专业人士，他在色彩方面的语言更丰富，他们的内在"百科全书"拥有更多的色彩概念。因此，他们可以轻松地分辨出几十种不同的绿色，并且能讲出薄荷绿、祖母绿、苹果绿、橄榄绿和黄绿色等不同绿色之间的区别。

绝大多数领域都是如此。面对同样的场景，专业人士可以看到更丰富的现象，而对于一个"小白"，只能看到最浅显的部分，而且还经常会遗漏很多关键的信息。这也导致了人们经常无法客观且全面地描述自己所看到的场景和信息。

这就是语言和概念对我们认知事物的影响。如果我们对一个事物没有足够丰富的概念，就只能停留在一个较为粗糙的认知层面，也更难透过这些表象看到更深刻的本质。正如维特根斯坦所言："语言是一个人认知世界的反映，一个人看到的世界越是贫瘠，那么他的语言就越是匮乏；而看到的世界越是丰富，那么他的语言就越是多样和充满变化。"[16]

简而言之，**语言无法描述的，思维一定无法分析**。因此，想要看到更丰富的世界，能够更精准地描述事物的本质，关键还是要拥有足够多的专业知识。而这离不开我们对概念的理解。

概念

所有信息的基础都是概念。**我们无法脱离概念进行描述、解释、分析、评价、学习和解决问题。**[17] 一个事物的名称，是概念；一个动作，是概念；一个形容词，也是概念；时间、方位这些都是概念。我们所有的思考都是以概念为核心展开的。

因此，我们必须了解概念的内核和机制，这样才可以更好地认识事物和分析问题。

概念实际上是一种信息的压缩。我们将具有某些特征或共性的信息压缩成一个概念，进而用较少的文字表达更丰富的内容。

比如，"狗"这一概念可以指代所有犬科哺乳动物，面对属于这一范畴的每个个体，我们都可以称之为"狗"。实际上，我们压缩了这一动物的体型、性别、毛色、健康程度、品种等其他信息。而当我们需要的时候，又可以还原出这些"无关"特征，做具体的分类和识别。

如果缺乏概念，我们就会被"无限的细节"所笼罩，被琐碎的信息所淹没。

在博尔赫斯的小说《博闻强记的富内斯》里，富内斯可以记住无限的细节，但是他无法将这些记忆抽象出一个概念。当一条狗稍微动了一下，他就会形成一个新的记忆，认为这条"动了一下的狗"与"动之前的狗"

是两个事物，并且他还会给这些"完全不同的事物"编号。这也导致了他拥有大量的信息，但是无法将这些信息转化为知识和智慧。

其实，富内斯的记忆方式与计算机的存储机制非常类似。计算机需要依托大量的细节才能够识别出一个事物，当某些细节出现改变时，计算机很可能将它识别为一个新的事物。这也是计算机相较于人类大脑的劣势。

简而言之，概念可以帮助我们修剪信息中冗余的部分，让我们以更高效的方式认识事物，这无疑可以促进思考、生成智慧。但是概念的使用也会产生一些新的问题。

因为人的特异性、知识背景和文化等因素，人们在对同一概念的理解上会有偏差。这就像计算机在还原被压缩的信息时，很可能出现失真的情况一样。为了避免在理解和描述上的偏差，人们会给不同的概念相应的定义，尽可能让大家还原出来的信息接近一致。

概念的定义必须具有准确性。如果没有一个清晰且准确的定义，就无法准确地描述和反映事物。当我们在描述事物和观察现象时，更难以深入地认识事物。

柏拉图曾经将人定义为"无羽毛的两足动物"。于是另一位哲学家第欧根尼把一只拔掉了羽毛的鸡带到了柏拉图面前说："这就是柏拉图所说的人。"于是柏拉图将人的定义修改为："人是无羽毛、拥有宽大的指甲的两足动物。"

语言学家阿尔弗雷德·布鲁姆认为，概念的形成过程是一个不断提出假设和验证假设的过程，在这个过程中，人们会保留满足假设的部分，剔除不满足假设的部分，最后形成一个较为准确的概念。

概念需要有区分性。为了避免混淆，不同的事物需要对应不同的概念，如果概念之间存在混淆，就会导致我们在识别和判断事物时出现混乱。如果不同概念之间无法区分，就容易导致人们产生误解，增加沟通成本，提高认知门槛。

凡是有区别的事物，都可以用一个新的概念对应。专业人士能够区分外行看不出区别的事物，他们也需要更多的概念来对应不同的事物。

概念必须具有共识性。概念的形成一般建立在个人的直接经验之上，而个人经验并不一定具备普遍性。为了让一个概念具有普遍性，需要建立一个让大多数人都认可的概念，于是就会形成一个概念的定义。人们根据这个定义进行思考和深入探讨，还可以减少个人主观性带来的错误认知。

当然，这里的共识，可以是大众的共识，也可以是专业人士的共识。比如，不同学科都会创造学科内事物的术语，帮助大家认识这一领域的事物，减少个人主观性带来的偏差。例如数学领域定义的"什么是三角形"，经济学定义的"沉没成本"，心理学定义的"自我效能"。

类似地，我们想要更准确地认识事物，也需要对概念有一个清晰的认识。正如在本节开头所言，概念是所有信息的基础。我们只有弄清楚事物的概念，才可能进一步讨论概念之间的关系和客观事物的内在机制。

表象关系

弄清楚事物的概念和定义，可以帮助我们更好地识别事物的特征和区分不同的现象。

接下来，我们要思考事物之间的关系。

这种关系更多是客观的关系，比如在什么时间、什么地点、什么位置、什么情况下、属于谁、如何变化等。我们通过对这些关系的把握，可以进一步了解事物的现象。

考虑到我们接触到的信息以语言为主，这里举一个语言信息的例子："我曾经有一条小狗。"

我们可以从这句话中解读出一些关系。从归属关系看，这条狗是"我"的，不是其他人的；从时间上看，"我"在过去拥有这条小狗，但是现在没有了；从数量上看，我拥有的是一条小狗，而不是两条或多条；从状态上看，这是一条小狗，而不是大狗，可能是指代体格小，也可能是年龄；从动物类别上看，我拥有的是狗，而不是羊或者猪等其他动物。

从这句简短的语言中，我们可以解读出非常多的关系和内容。其实，如果我们有一套方法，就可以将每个现象都解读出很多有趣的关系和内容。这种方法也有利于我们较为完整地描述看到的事物和现象。我们称之为5W2H分析法。

对于熟悉个人成长方法论的人来说，这应该是一个较为常见的分析方法，可以帮助我们快速掌握知识，从表象中捕获到各种事物之间的关系。

在需要描述一个表象或需要分解某些信息时，可以根据5W2H分析法对自己进行提问：是什么（What）、为什么（Why）、何人做（Who）、何时（When）、何地（Where）、如何（How）、以及多少（How much）。

这里举一个文字信息的例子："为了改变命运，我一定要每天都好好学习，课堂上认真听讲，课后努力复习，提高专业能力"（见表1-1）。

表 1-1　5W2H 分析法举例

5W2H	对应因素
What：当前的行为和判断	好好学习
Why：动机、目的、意义	改变命运
Who：任务主体、相关人员	我
When：时机、时间投入	当下和未来
Where：环境、场所、位置	教室和其他地点
How：做法、策略、方案	认真听讲、复习
How much：投入、程度	每天

　　我们先从事情、事物或现象本身入手，理解这个事物本身是什么。在这个例子中，事情是"要好好学习"；而做这件事情的目的是改变命运；主体是我；什么时候好好学习呢？从语句中可以理解为在课堂上和课后；从地点上看，可以推测是教室等地方；从方法上看，认真听讲和复习等；从程度上看，是每天都要好好学习。

　　关于表象之间的关系，一般来说有以上的类别。当我们遇到一个现象或事物时，可以从这 7 个维度思考，这样可以让自己有一个思考的方向，也可以减少一些疏漏。

　　总体而言，这是一个非常不错的认知方法。我们可以在生活中多练习这个方法，让自己对事物有一个较为明晰的认知。

　　当然，这个方法不仅可以用在描述现象上，还可以用在提高解释能力和控制能力等方面，所以我们会在后面多次看到这一工具。

第二章

因果与解释

如何消除表象的迷雾，看到事物的本质

我们通过抽象概括和定义的方式认识事物的表象，通过 5W2H 分析法描述事物之间的关系。至此，我们已经基本拥有了较为完整的描述事物和现象的入门能力。但是表象的背后可能存在很多有趣的机制，想要更深入地了解事物，我们还需要从这些关系中找到一些更深层的东西。

因此，我们要解释这些关系的产生，找到其内在的机制。这对于我们适应社会和不同的环境非常有帮助。相反，如果我们找不到问题的具体原因，很可能要为此付出巨大的代价。

人类曾在漫长的历史中无法解释自然灾害，在各种祭祀上白费力气；16 世纪到 19 世纪的 300 年间，人们一直找不到败血症的病因，有 200 多万人死于败血症；同样，人们曾经不知道辐射对人体的危害，因此有很多人遭受了辐射带来的病痛折磨。

日常生活中，无法正确解释发生在自己身上的事情，也会让自己身陷困境。一个创业失败的人，如果找不到失败的原因，那么就会成为“连续创业失败者”；一个感情失意的人，如果无法发现自身的问题，那么就会重蹈覆辙；一个学习不好的人，如果弄不懂学习效率的关键，就会付出更多的无用功……

解释是对事物的进一步认知，是一个说明事物含义、原因和理由的过程。[1] 我们需要从事物的外部特征进行思考，探索其内部变化及联系。而且，有些事物的表象具有欺骗性，我们还必须懂得如何辨伪求真。

5W2H 分析法用来描述事物非常实用。解释的过程，其实也就是对这 7 个层面都提一个"为什么"的问题：为什么这件事是这样的？为什么是这个目的？为什么是你？为什么是这个时间？为什么是这个地点？为什么是这个方法？为什么是这个程度和数量？

分析

想要弄清一个事物是什么、为什么和怎么做，需要对事物进行分析。**分析的意思就是将事物由整体分解为不同方面的组成部分，然后进一步找出它们的本质属性和相互关系。**[1]

一个事物可能由多个部分组成，而这些不同的组成部分会互相影响，形成一些具有欺骗性的假象，不利于我们真正理解事物更本质的属性和相互关系。

举个例子，有 A 和 B 两个医院，它们主治同一种癌症疾病。在 A 医院，患者死亡率为 3‰，而 B 医院的死亡率是 1‰。根据这些信息，我们能否判断 B 医院的治疗水平比 A 医院更高？

答案是不能。如果我们深入分析死亡率会发现一些有趣的现象。首先，患者死亡率可以分为住院患者死亡率和住院手术患者死亡率。一般来说，需要做手术的患者意味着病情更严重，其死亡率也更高。患者也分为轻症和重症患者，而重症患者死亡率远超轻症患者。

如果 A 医院的名声更好，就会吸引更多的重症患者，这可能就会提高该院的患者死亡率。而当 A 医院人满为患时，那些轻症患者会选择 B 医院，轻症患者的死亡率更低。这就造成了"治疗水平高的医院死亡率反而更高"的现象。如果按照患者死亡率来评估医院的治疗水平，显然是不科学的。

如果不去分析，而是将患者死亡率看成一个整体，对病患也不做轻症和重症的区分，那么由于各种因素互相干扰，我们就会形成错误的认知。

而为了减少诸多因素的互相干扰，我们在探究事物的原理和关系时，就要做分析，即将一个整体切割成不同的组成部分，减少互相干扰，然后观察和学习每个部分的内在机制，看到事物最接近真实的样子。

那么，我们要认识事物的时候，可以从哪些角度进行分析呢？这里介绍四要素分析法。四要素分析法正是 2000 多年前伟大的哲学家亚里士多德分析事物的方法。

事物之间存在很多差异，具有不同的属性。事物的属性可以分为四类：质料属性、形式属性、目的属性和变化属性。[2]

客观存在的事物都会有具体的质料，我们可以根据质料对事物做基本的区分，比如金属材料、木材、塑料、石材、布料，等等。

除了质料，事物都会有其形式属性。比如，同样是金属，我们可以将它做成圆盘状，也可以做成方形，还可以做成柱型，以及其他千奇百怪的形状。

目的属性指的是事物的功能。我们可以把铁做成圆盘形用来做盛放食物的盘子，也可以做成铁桶用来装水，还可以做成椅子用来休息，等等。

变化属性指的是事物的变化过程，用来解释事物从哪儿来、到哪儿去，以及在这个过程中的变化。事物很难一直保持原有的样子，它们会随着时间和环境的改变而发生变化。比如，铁会因为与空气和水分发生化学反应而锈蚀，也可能因为受到压力而发生形变，还可能因为被搬动而发生位置改变，甚至因为高温而熔化。

而对于一直稳定不变的事物，我们则认为它处于"静止状态"，宏观而言，我们把这种状态也看作变化属性的一种特殊形式。

在分析事物时，抓住这四个属性，可以很快把握事物的核心关系，进而更深入地探索事物的本质。

比如，我面前有一把木椅。先从质料属性分析，它的质料是木材。如果我有更专业的知识，我还能区分它是哪种木材。接下来，我们看看它的形式属性，它有4根23厘米的木头和1块木板，并且由4根木头支撑着木板。然后，这把椅子的目的属性是，方便我换鞋时坐。最后是变化属性，有一个木匠用各种工艺制作了它，我购买后，木匠通过快递把它寄了过来，然后当我坐下去之后，椅子突然散架了。这把椅子结束了自己"变化"的一生，以生活垃圾的新身份开始了新的"变化"。

当我们分析抽象的事物时，这四个要素依然适用。比如，有这么一句话："卫蓝，你能不能回答我一个问题？"

这句话的质料是由中文组成的；形式属性是问句形式；目的属性是对话和询问一个问题；变化属性是对方在好奇心的驱动下，问出了这个问题，通过空气传递到我这儿，并且会与我产生语言互动。

对语言质料的分析非常有必要，尤其是针对一些定义和术语。比如，我们前面提到的柏拉图关于人的定义"人是无羽毛的两足动物"，就因为语言的质料问题，导致人们对这一概念的误解和不统一。

语言形式可以让我们用多种多样的方法表达同一个意思。恋人在表白时不仅可以说"我爱你"，还可以念几句情诗。当然，语言形式也可以让同样的内容表达出不一样的内涵。比如，"你这个真有意思"，既可以表示欣赏，也可以表达嘲讽。

语言的目的属性，也是它的功能。我们运用语言实现交流信息和沟通思想的目的，还可以运用语言增进感情、表达情绪等。

而语言的变化属性，更多是指代沟通的过程中如何感知对方的信息，如何分析对方的意图，如何与对方互动等。

总之，当我们需要分析一个事物时，可以用四要素分析法将事物分解出四个层面的属性，这样可以更容易地观察到事物内在的联系和机制。

5WHY 分析法

我们要更深入地分析事物的本质，就必须运用另一个工具——5WHY分析法。5WHY分析法其实就是对一个问题不停追问"为什么"的过程，对简单的问题进行深入剖析，找到更本质的原因，进而高效地对症下药。

前面讲到的四要素分析法是横向分析方法，而5WHY分析法则是纵向分析方法。这些工具都可以用来分析事物的表象和内在机制，只不过侧重点不一样。拿我们美丽的地球做一个类比。四要素分析法可以带我们领略这个星球的海洋、陆地、火山、冰川、河流，等等。而 5WHY 分析法则是带我们穿入地心，让我们见识地球的地壳、地幔和地核等内部结构。

每一个看似简单的事物，只要深究起来，很快都会让我们发现自己的无知。比如，白粉笔为什么能写出来白色的笔迹？对于想当然的人就会说白色粉笔肯定会写出来白色的笔迹啊。而有的人会分析这只白色粉笔是由硫酸钙的沉积物组成的，这些成分都是白色的，所以粉笔也是白色的。

那么，硫酸钙为什么是白色的呢？我们可以做如下解释：硫酸钙吸收紫外线和红外线，可见光会被反射，所以呈现为白色。那么，为什么硫酸钙会吸收这些光线呢？也许就需要分子层面的光子能级和离子跃迁等量子物理学知识才能解释。而这些现象的发生也会有更深入更细致的影响因素。

我们在一层一层地深入探究时，就会发现很多习以为常的事物，都有特别精妙的机制和原理。

5WHY 分析法并不是说一定要追问 5 个为什么，而是让我们时刻记住一个核心理念：**现象的背后都有它的机制，问题的背后有更大的问题。**

比如，我堂弟学习的时候总是弓着背头低得很低，叔叔一直强迫他抬头挺胸，但没有任何作用。我在跟堂弟接触的过程中发现，真正的原因是堂弟近视了，不得不低着头，弓着背看书写字。于是，我就让叔叔给他配副眼镜，他弓背低头的习惯才有所改善。

其实这个问题再深究下去，我们就会发现，近视也是一个表象。实际上，是因为叔叔家书房的灯年久老化导致灯光变暗，堂弟长期在昏暗的环境中学习，缺乏自然光造成眼压过高才会近视。因此，想要解决这个问题，我们还要换一个 LED 灯。

结果我们发现，运用 5WHY 分析法解决问题时，方法与问题的关联虽然很远，但是能更有效地解决问题。如果按照叔叔的方法来解决问题，我想可能永远无法改善堂弟的学习姿势。但是我们通过探寻本质的方法，可以提出治标又治本的解决方案，进而实现对事物更高的掌控力。在这个思考的过程中，我们也会慢慢变成一个对未来充满洞见的人。

因果与相关

前面两种分析方法主要用于分析事物的内部关系，而事物之间的关系，我们要用因果和相关等其他关系来解释与分析。

在解释的过程中，很多人会在寻找因果关系上犯错误。比如，给两个不相干的事物强加因果关系，又或者把相关当作因果，还可能在混杂的关系中看不见因果。

我的堂弟曾经问我："水是不是慢性毒药？"我有限的知识面让我斩钉截铁地回答他"不是"。他继续追问："那为什么每一个喝水的人都会慢慢死掉？"

当然，"水不是毒药"这个回答也是基于现有的科学知识的一个回答。至于水到底是不是慢性毒药，未来还需要科学家的检验。而我的堂弟为了证明我是错的，已经立志未来研究生物学。希望有朝一日，他能回过头来告诉我这个问题的答案。

其实，我的堂弟可能犯了一个相关和因果的错误。他认为每个人都要喝水，而且喝水的人都会死掉，进而得出"水是慢性毒药"的因果关系。

因果关系是因素和结果之间的关系，可以理解为某个事物的变化会引起另一个事物的变化。比如，常温常压下，温度从 $-1℃$ 升高到 $0℃$ 时，会引起冰雪的融化；我用力将石头扔出去，会引起石头的运动；我用鼠标点击网页链接，会引起网页界面的变化。

哲学家大卫·休谟（Daivd Hume）认为，因果关系的确立需要三个条件。[3] **第一个是两者存在共变关系，即两个因素有共同变化的趋势；第二个是先后关系，引起结果变化的因素在时间上发生得更早；第三个是已经排除了其他干扰因素，确认两者的共变关系是存在作用的关系。**

相关关系是因素之间没有明确互相影响的共变关系。举个例子，"我的年龄增长，我堂弟的年龄也增长。"这个显然不属于因果关系，因为即使没有"我年龄增长"的条件，我堂弟的年龄也会增长。反之，堂弟的年龄增长也不会引起我的年龄增长（见图2-1）。

图 2-1 误把相关当作因果的情况

我的年龄与堂弟的年龄只是相关关系，但是两者的变化趋势是一样的，看上去像是有因果关系。实际上，我们的年龄增长是时间变化的结果，而不是互相影响的结果。但是两者在表象上呈现出了互相影响的关系。

还有一些相关关系只是单纯的巧合，两者并没有关系。比如，随着老鼠数量越来越少，我的年龄越来越大。老鼠的数量与我的年龄并没有关系，但是在特定的时间里，两者之间呈现出了共变关系。也许再过几年就会出现"随着老鼠数量越来越多，我的年龄越来越大"的情况。

另一种相关关系是反向因果关系。人们以为是 A 引起了 B，实际上是 B 引起了 A。比如，风会引起风车转动，而有人认为是风车转动引起了风。观察者因为无法看到先后顺序，颠倒了它们之间的因果关系。

比如，凯蒂·彭（Kitty Pham）等人的统计研究发现"每天喝 6 杯咖啡，会大大增加一个人猝死的概率"。[4] 从字面上理解，这就是一个因果关系的倒置。实际上，每天需要喝 6 杯咖啡的人，往往意味着他有更大的工作压力，可能存在长时间熬夜的情况，不得不通过喝咖啡提神。从表面上看，是咖啡引起猝死，实际上，咖啡很可能并非猝死的诱因。

弄清楚因果关系的条件可以让我们看清楚事物之间的联系，进而更好地挖掘事物内在的变化过程。但是，如果找到的是错误的因果关系，那么我们不仅无法找到问题的解决方法，还会因此误入歧途。

一个人与另一个人分手了，然后他解释说"我们两个星座（八字）不合，所以分手很正常"。用这种迷信的错误因果解释，让他无法找到分手的真正原因，他不会想如何让自己变得更好。最后的结果就是，他还会在感情的道路上重蹈覆辙。

一个人在生意上受挫，然后告诉自己"我只是运气太差了"，那么他将无法找到自己失败的真正原因。他不会去思考如何改进自己的产品，也不会去思考如何提高自己的营销能力，更不可能意识到自己的思维局限性。我想，再给他一次机会，他的运气也会一直差下去。

如果在科学上找错了因果关系，还会导致更严重的问题。在 300 多年前，欧美非常盛行放血疗法。那个时代的医生都认为血液过多会引起疾病，切开静脉放血对疾病有治疗效果。即使到了 19 世纪，依旧有一些医生认为"多余而无用的血液"是所有疾病的基本病因。

这其实就是一种错误的因果关联。这种错误的解释，导致他们在预测和控制病情上出现了方向性错误。最终，很多人也因为这一错误的治疗方法而失去生命，其中就有美国首任总统乔治·华盛顿。

这种现象在科学领域存在非常多的例子，比如物理学的地心说、生物学的神创论、化学的燃素学说，等等。这些学说都是因为时代的局限性，**在因果关系上犯了错误。而只有通过对这些学说的纠正和改进，找到事物真正的因果关系，才能够正确认识事物，进而科学地提高生产力。**

寻找因果

找到正确的因果关系对我们理解事物有巨大的帮助，那么我们该怎样才能找到事物的因果关系呢？图灵奖获得者朱迪亚·珀尔（Judea Pearl）介绍了两种不错的方法，可以帮助我们寻求事物的因果关系。[5]

最初级的方法是关联。我们通过观察事物的变化关系，进而判断它们的因果关系。

假设有 A 和 B 两个因素，我们观察到 A 增加时，B 也增加了；A 减少时，B 也减少了。那么我们就可以推断它们之间可能存在因果关系。然后，我们再观察变化出现的先后关系，发现了 A 的变化一直出现在 B 的变化之前，这又是一个证据。我们根据观察到的这些现象将 A 和 B 两个因素关联起来，推断它们之间很可能存在因果关系。

这种方法的好处显而易见，那就是高效。但是，速度是思考的敌人。在多数情况下，这一方法可以奏效；而在一些复杂系统中，这种方法往往会带来错误的结论。因此，**我们还需要运用发现因果的进阶方法——干预。**

干预指的是通过介入因素变化的方法来检验因果关系。我们观察到 A 和 B 之间很可能存在因果关系，但是我们并不能确定这种关系，于是我们通过干预 A 的改变来观察 B 的改变。

干预显然比关联更能验证因果关系。关联只能观察到事物之间的共同变化趋势，但是很难观察到它们之间出现的先后顺序，而且无法判断两个因素之间的共同变化是不是偶然出现，也可能会忽视引起它们变化的真正原因。

假设 A 是风，B 是风车。我们可以通过干预风的流向观察风车是否发生转动。当我们使风停止时，风车不动了，就可以推测风可以引起风车转动。我们就可以在判断两者的因果关系上更进一步。

在做科学实验的时候，这种干预的方法经常被用来研究因果关系。比如，为了测试某种药物的有效性，我们可以通过干预，将患者分为服药群体和未服药群体，观察两者之间的差异，进而判断服用药物能否引起患者的病情好转。

如果事物之间存在因果关系，那么我们一般可以预测干预之后的变化趋势。

因果的形式

我们知道，电路的两种基本连接方式分别是串联和并联。

在串联的情况下，要使电路通电就必须保证电路中每个开关都连通才能够实现。如图 2-2 所示，我们想要开灯，必须把开关 A 和开关 B 同时闭合，才可以使得电路连通，进而实现开灯的目标。

而在并联的情况下，电路中只要有一个开关闭合形成一个闭合支路，就可以实现电路联通。如图 2-3 所示，开关 A 或开关 B 只要其中一个闭合就可以实现开灯的目标。

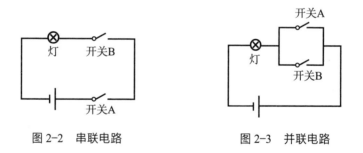

图 2-2 串联电路   图 2-3 并联电路

同样，有的因果关系，需要多个因素同时满足才能导致某个结果，这就像串联电路；有的因果关系，多个因素中只要有一个满足条件就可以导致某个结果，这就像并联电路。

我们先讨论"串联"因果关系：A → B → C → D。

在这条因果关系链上，只要一个问题无法解决，我们就无法连通这一因果链。就像串联电路只要有一个开关没有闭合就无法实现电路连通。

举个例子，在很长一段时间里，长期在海上航行的水手靠吃橘子、柠檬等酸性食物避免患败血症。而有些水手为了降低成本，用印度柠檬替代橘子。结果，这些人还是患上了败血症。后来人们发现，能有效避免患上败血症的因素，表面看是酸性食物，实际上是维生素 C，而印度柠檬虽然很酸，但是维生素含量很低。这些人也因此付出了代价（见图 2-4）。[5]

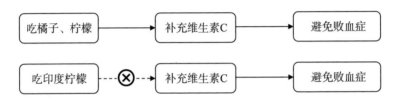

图 2-4　由于印度柠檬维生素 C 含量较低，水手食用后可能无法避免败血症

我们想要考取驾驶证，必须先考科目一，然后再考科目二，再然后才是科目三和科目四。如果我们科目一没通过，就没有办法接着考科目二，更不被允许考科目三和科目四（见图 2-5）。

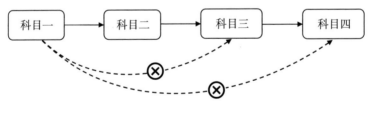

图 2-5　考取驾驶证的流程

这其实也是一个流程化的思维。生活中的业务办理、目标设定、项目管理都需要用这种思维来支持自己一步一步接近目标。如果我们不想被流程束缚，希望能够更快接近目标，大多数情况下，我们都会因为遗漏重要信息或者一个关键问题没有解决，最后又不得不原路返回，重新来过。

有时候，我们也需要打断这条因果链解决问题。比如，我们想要切断传染病的传播，就需要通过切断传染的路径阻断病情扩散。

当然，疾病传播一般有多种传播方式，而且也不可能是单链条传播。因此并不适合用一条串联"因果链"来表示疾病传播过程，而应该结合并联的方式来理解。

比如，HIV病毒的传播方式有三种，分别是血液传播、性接触传播和母婴传播。这三者与病毒传播的关系更像电路中的并联。只要满足其中一个条件，就可以实现病毒传播（见图2-6）。

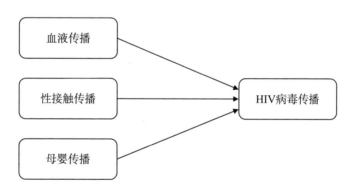

图2-6　HIV病毒三种传播方式

在这种因果关系中，如果我们希望让某个结果不出现，那么就要对每个条件都下功夫。这就像传染病的防治一样，我们不能放过任何一条"漏网之鱼"，只要有一条"漏网之鱼"，所有的努力都将前功尽弃。

相反，如果我们希望某个结果实现，则只需要满足其中一个条件就可以了。比如，我们想要经过一条小河流，我们可以选择搭桥过去，也可以选择乘船，甚至绕远路走过去。我们只需要一个办法就能够实现目标。

生活中，大多数事物都是以上两类因果关系共同作用的结果。传染病的传播模型就是一个典型的例子。病毒先由一个人以一种渠道传播出来，传染多人之后，就开始多渠道传播，然后会形成多条传播链（见图2-7）。

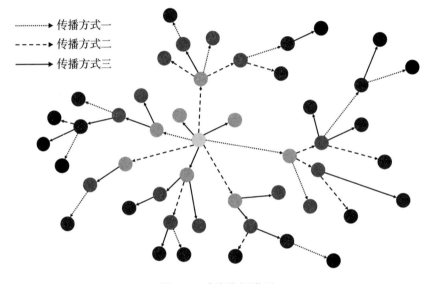

图 2-7　病毒传播模型

一家企业想要推进一个项目，可能需要市场部、产品部、营销部和财务部等部门的支持。在这个维度上，这些部门都是并联的，共同推进项目，实现项目成果。而各个部门又都开始井然有序地完成一项又一项工作，比如，市场部先做市场调研，然后确定用户需求，接下来将用户需求提交给负责人，再与其他部门对接。在这个层面上，工作又是以串联的形式进行的。

了解这两种因果关系的模式，可以帮助我们针对问题的不同流程，更加有针对性地解决问题、实现目标。灵活地理解这两种模式，可以让我们减少实现某一结果所做的无用功，也可以避免因为百密一疏而功亏一篑。

基于这两种关系的结合，我们可以看看第三种因果关系，如图 2-8 所示。

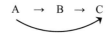

图 2-8　不完全中介模型

从 A 到 B 到 C 是一个串联的关系，但是 A 又会直接影响 C，这时两条路径又是并联关系。即使没有 B 因素，A 也可以影响 C。

举个例子，我想要购买一套二手房，并且需要通过房产中介才能联系到房主。而联系房主后，有一些事务我就可以直接与房主沟通和确认。在这个过程中，我是 A，房产中介是 B，而房主则是 C。

我们一般也将这个模型称为中介模型。如果 A 只能通过 B 与 C 接触，没有其他与 C 接触的方法，即只有 A → B → C 这一条路径，我们称这种情况为完全中介模型。

在完全中介的情况下，如果想要改变因素 C，我们只需要改变因素 B 就可以了，而不必依赖 A 的变化。比如无土栽培，我们只需要将土壤中的矿物质、水分、营养成分和微生物等提取出来，就可以绕开土壤，实现蔬菜培育（见图 2-9）。

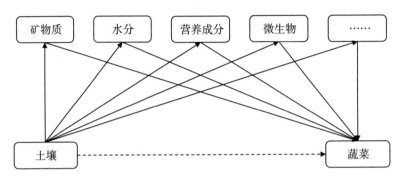

图 2-9　无土栽培示例

在一个因果关系中，找到中介因素可以让我们找到问题的关键。举个例子，一些研究发现，使用社交软件与肥胖有一定的关系（见图 2-10）。[6] 平均而言，使用社交软件时间越长的个体，体重越重。

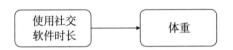

图 2-10　使用社交软件时长对体重的影响

然而，使用社交软件的时间越长，一般也意味着久坐的时间越长，而久坐已经被证实会引起发胖。

那么，我们就可以试着加入久坐时间作为中介变量来研究社交软件使用时长对体重的影响（见图 2-11）。

图 2-11　"久坐时间"的中介作用

如果研究发现是久坐引起体重增加，那么我们就可以建议大家通过减少久坐的方式，来避免体重增加。如果我们依靠直觉建议大家减少社交软件的使用时长，那么很可能就是一个没有作用的建议。因为大家还是会坐着办公、学习和玩游戏，最终导致体重增加。

从这个例子可以看出，寻找因果关系的中介因素，可以更有针对性地解决问题。

假设某种药物 X 可以缓解白血病的病情（见图 2-12）。但是在使用过程中，医生发现这种药物有可能引发心脏病。那么该怎么做呢？最简单的方式肯定是停用这种药物，那样就不会有人因为 X 引发的心脏病而死亡。但是这样同时也会有更多的人被白血病夺去生命。

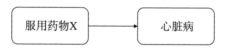

图 2-12　服用药物 X 对心脏病的影响

另一种方法就是研究疾病的机制，通过了解其具体机制，进而控制药物 X 的副作用。如果医生在研究中发现，该药物之所以会引发心脏病，是因为该药物对生理应激系统的激活过于强烈，导致血压升高。那么，就可以考虑在药物中结合一些降压药的成分来降低药物的副作用（见图 2-13）。

图 2-13　"高血压"的中介作用

通过这几个例子可以非常明显地看到，弄懂事物的内在机制对解决问题有多大的帮助。而中介效应只是诸多内在机制中的一种。接下来，我们再来看看另一种内在机制——调节效应。

调节作用就是在研究 A 与 B 的关系时，看看 C 因素是否会影响 A 和 B 之间的关系。举个例子，如果你和你的爱人吵架了，好几天不说话，你们共同的好朋友在中间帮你们传话，调节你与爱人之间的关系。这个过程就是一个调节作用。

我们都知道盐会溶于水，在溶解的过程中，可以通过搅拌或加热的方式，让盐溶解得更快、更彻底。搅拌和加热的方法在这一过程起到的作用就是调节。搅拌越快，溶解越快；温度越高，溶解也会越快（见图 2-14）。

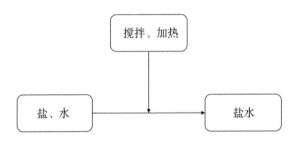

图 2-14　搅拌和加热在溶解过程中的调节作用

又如生物化学反应中各种各样的酶，其实也是一类调节因素，可以帮助反应进行得更快且更彻底，如果人体没有葡萄糖的氧化酶，那么我们消化 1 摩尔[①]葡萄糖需要 3 天左右，这样我们根本无法维持生命体的运转。

这些例子都是通过在因果关系中增加了调节因素而改变了目标的实现效果。**弄清楚事物因果关系的调节因素，可以帮助我们更好地对症下药，找到解决问题的最优方案。**

---

① 摩尔是物质的量的单位，是国际单位制基本单位之一。——编者注

举个例子，一般情况下，我们有意愿做一件事时，就会愿意为它付出更多时间。可是，有一群学生虽然有很强的学习意愿，但是能坚持学习的时间都很短，为什么呢？

显然，有一些额外的因素"从中作梗"，导致这一较为反常的结果。有一些情况就是调节因素引起的。比如，可能是椅子太不舒服了，也可能是教室里的学生太多，拥挤的环境让学生无法舒适地学习（见图2-15）。

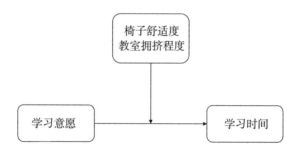

图2-15　椅子舒适度和教室拥挤程度等因素的调节作用

对于这种情况，学生们不愿意学习，老师和家长们如果继续从学生身上找原因，就只会增加与学生的矛盾，而无法让学生投入更多时间去学习。通过寻找调节因素，我们则可以看到学习环境的重要性，找到隐藏的问题，进而真正做到对症下药。

总而言之，当因果关系出现反常的情况时，一般都有调节因素在起作用。而我们也必须有这种意识，找到调节因素，才能真正地看清一个问题的内在机制，进而达到治标又治本的效果。

当然，如果在一个因果关系中，一个因素不仅起到了中介作用，还起到了调节作用，我们就称之为有调节的中介作用。这种关系也非常常见，不过整体比较复杂，这里不做单独分析。

那么在因果关系中，要如何找出这些中介因素或者调节因素呢？我们可以根据因果之间的映射关系来解答这一问题。

第一种情况，单因单果。如果引起一个结果的原因只有一个，那么这个原因就可能是结果出现的完全中介因素，因果之间是串联的因果关系（见图 2-16）。

图 2-16　单因单果

第二种情况是多因单果，即多个原因会造成一个结果。比如同样是头痛，有可能是因为发烧引起的，也可能是炎症引起的，还可能是睡眠不足引起的。这类因果关系之间是并联关系，只要满足其中一个条件就可以出现预期结果。

对于并联的因果关系，如果是为了让某个结果不出现，我们就要切断所有的关系路径；而如果我们希望某个结果出现，只需要找到一条路径（见图 2-17）。

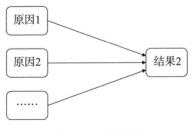

图 2-17　多因单果

第三种情况是单因多果，即一个原因可能造成多种结果（见图2-18）。对于这种情况，过程会比较复杂，存在调节因素的可能性非常大。因此，我们必须从这两个因素之外的方向努力，找到因和果之外的其他关系，进而解决问题。

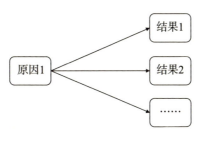

图 2-18　单因多果

第四种情况是多因多果，即多个原因造成多种结果（见图2-19）。在生活中，有很多这类复杂的因果关系，存在多种因素交互作用，且它们与整个系统的其他因素互相影响，最终形成一个极为复杂多样的系统。

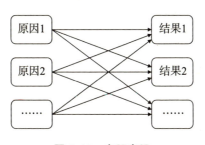

图 2-19　多因多果

对于这种情况，我们只能从简单到复杂，通过控制其他变量的方式，慢慢检验不同的因果关系，逐渐加深对它们的了解。

额外变量

复杂的因果关系中往往存在大量的干扰，如果我们想弄清楚它们之间的关系，必须减少额外变量的影响。

额外变量，也叫无关变量，是指除了想要观测的因果关系，其他会影响因果关系的变量。[7] 举个例子，在2000多年前，哲学家亚里士多德认为，物体越重，下落速度越快。这一结论是他根据生活现象得出的，而且在很长一段时间内没有受到过有力的质疑。

实际上，他得出这一结论，主要是受到额外变量的干扰，没能意识到空气阻力的额外影响，因而得出了错误的结论。

这种现象在生活中非常普遍。尤其是在各种调查研究中，经常会出现一些额外因素，导致调查结果与现实之间存在巨大的差异。

1936年，美国《文学文摘》杂志社发起了美国总统的选举意向投票。读者可以通过电话和汽车登记清单等方式参与。他们对千万份问卷进行统计，最后一致认为兰登将赢得大选。然而实际上，兰登只获得了极少的选票而输掉了选举。[8]

为什么会出现这种情况呢？因为面对当时萧条的经济环境，很多人没有电话和汽车，因此，选举结果只能反映少数人的民意，不能反映数量更大的群体的民意。

即使到了今天，在调查工具更加发达、调查方法更加科学、覆盖群体也更加全面的情况下，依旧有很多关于美国选举的预测都是失败的。因为系统的复杂性，有各种各样的额外因素影响着结果。

　　在一些情况下，我们可以通过控制额外变量的方式来减少它们的影响，进而更好地观测因果关系。比如，前面说到的亚里士多德关于"物体越重，下落速度越快"的结论，就可以通过在真空条件下进行实验来验证：将空气阻力因素剔除后，检验物体质量和下落速度的关系。

　　在一些其他科学研究中也经常进行这种对额外因素的控制。比如，为了检验某种药物的作用，需要控制被试的性别，观察不同性别是否会影响用药结果；也可能控制年龄，观察不同年龄的人群对药物的耐受性等。

　　在另外一些情况下，我们无法事前控制额外因素的影响，那么我们就需要在事后用数据分析的方式，检验这些额外因素是否会对因果关系造成影响。

　　整体而言，在复杂的因果关系中，额外因素会非常多，有的是我们可以控制的，有的是我们无法控制的，我们只能尽可能用一种科学的态度和方法去检验其中的关系，一步一步地看清事物间的因果关系。

第三章

模型与预测

如何逼近真相，看到未来的趋势

如果我们能够从纷繁的关系中找到事物的因果关系，其实就已经具备了预测的能力。但是这种能力还需要一些模型和方法的辅助，这样才能提高预测的准确性。

很多时候，**准确的预测不需要了解因果关系，只需要足够的数据**。我们只需要将数据整理好，套入一个适合的模型，就可以实现预测。

但是，**如果我们弄错了因果，那么预测就不具有科学性**。比如用生辰八字、星座预测未来可能出现的情况，那就会变成一种毫无价值的随机猜测。

错误的因果关系认知只会带来错误的预测，人们甚至还会想出千奇百怪的处理思路。在动画片《蜡笔小新》第三季第二集里，小女孩妮妮因为听了广播的占卜，认为"妮妮的星座今天最好安静点，这样就会有好事发生"。所以，她憋了一个早上不说话，弄得身边的人都特别紧张，以为她出了什么事。

后来，她的同学小爱说："另一家广播说，今天只要像平常一样就可以了。"然后老师也补充："是的，星座就是这样，如果占卜都准，我早就结婚了。"妮妮听了这些解释，瞬间释怀，又变得活泼起来。

这虽然是动画片的例子，但是在生活中并不少见。总之，对因果关系的错误认知会带来错误的预测；只有找到正确的因果关系，才能真正做出有持续价值的预测。

接下来，我们一起探究"预测"的内在机制。

预测，是关于未来的一种陈述，是人们运用已经掌握的知识和手段，预先推测和判断事物的发展趋势的一种活动。[1]我们先了解事物的质料、形式、功能和变化属性，然后再根据事物之间的因果规律，对事物未来的发展趋势和可能达到的水平进行科学推测。

预测也包含了推理。很多重要信息并不会直接呈现在我们面前，它们需要一些转化和调整才能出现。

人类的知识发展过程是一个推理和预测的过程。我们先发现因素 A 和因素 B 的作用，得到了结果 C，然后再根据 A、B、C 等因素，推理出结果 D。结合技术的发展，我们根据 A、B、C、D 等因素，又找到了结果 E 和结果 F……经过时间的积累，人类的知识越来越丰富，对同一事物的认识也越来越深刻。

与预测相同，推理也是根据已知信息获取未知信息的过程。"曹冲称象"的故事中也蕴含了这种思想。曹冲想知道大象的体重，但是直接测量非常困难，于是曹冲通过观察大象站在船上时的水位，将大象转化成造成同等水位的石头，用称石头间接得到了大象的体重。

社会实践中有非常多的信息都是依靠这种转化推理得到的。我们依靠尺子获得桌子的长度；通过秤获取物体的重量信息；凭借钟表得知时间相关的信息。这些信息都是通过某些具有转化功能的工具推测而来的。

定性预测和定量预测

按照方法区分，预测分为定性预测和定量预测。定性预测是一种方向性的预测，相对来说比较粗糙；而定量预测则是通过量化的方式进行预测。[2]

举个例子，"房价未来会涨"，这就是一个定性预测，我们可以预估房价未来的变化方向是增长，但是这种预测比较粗糙；如果我们能够做一个定量分析，比如"未来 10 年，房价将会以每年 1% 的涨幅持续上涨"，那么这个预测就非常具有指导意义，也拥有更大的操作性。

整体而言，在缺乏足够的数据，或者对事物没有充分了解的情况下，我们只能通过定性预测的方式来判断事物可能的变化趋势。而当我们能够用数据对事物进行分析时，就可以做出定量预测。

显然，定量预测能够带来的指导价值远超定性预测。科学家必须量化卫星的飞行轨迹，才可能将卫星发射到相应的运行轨道上；土木工程师必须精确计算出楼体材料的承压能力，才可能建出各种各样的高楼大厦；可口可乐公司必须计算出可乐的"黄金配方"，才可能让全世界的可口可乐饮品具有同样的味道。

试想一下，如果我是一名土木专家，我在向你推销我的承压材料，但是我只是跟你说："这种材料有很强的承压能力"，你敢放心使用吗？你无法得知"很强的承压能力"是多强。如果我告诉你："这种材料可以承受 700 兆帕的压力"，那么你就可以更清楚地知道这种材料适不适合自己的工程。

定量预测能够提供的信息更多，更具指导性和可操作性，但定量预测的难度更大，成本也更高。尤其在一些复杂系统中，存在大量的影响因素，只能使用较为粗糙的方式，即定性预测，来推测事物的发展。

定性预测和定量预测都是非常重要的预测方式。**定性预测解决的问题是判断事物的趋势或属性是什么，而定量预测则是确定事物趋势或属性的程度和具体数值。**当我们不了解一个新事物时，我们需要先做定性预测，然后才可能进一步做定量预测。而且随着我们对事物了解的逐渐深入，我们用定量的方式也能进行更精准的预测。

药物发明的过程就是一个从定性再到定量的过程。比如青蒿素的发现和提炼。科学家通过对治疗疟疾的药方的总结，先定性预测其中可能含有治疗疟疾有效成分的药物，然后再通过科学实验确定有效的药物。当他们确定有效药物为青蒿之后，还要再评估其中的有效成分为哪些。

通过实验证明，青蒿素具有治疗疟疾的效果。接下来则是分析这种药物的化学结构、作用机制，了解这一化合物的物理性质和化学性质。了解青蒿素的各种性质之后，才能够定量预测它的一些其他特性，确定治疗时的使用量等。

定性预测：这些药方中可能有治疗疟疾的成分

定性预测：青蒿中很可能有治疗疟疾的成分

定性预测：青蒿中有治疗疟疾的成分青蒿素

定量预测：治疗疟疾所需青蒿素的最低含量为××mg，分××天服用

　　大多数时候，我们可以结合两种预测方法来评估事物的变化。

　　定性预测是弄清楚事物"是什么"的问题。对未知的事物定性，需要借用已知的事物和过往的经验，通过对已知信息的总结，进而判断事物的类别和特点。

　　定性之后，我们可以进一步对事物进行定量分析和预测。定量预测是为了确定事物"具体是怎样的（问题多严重）"。在定量预测上，我们可以采用前面所提到的5W2H方法。

　　通过定性确定了事物（问题）是什么（what），接下来就要思考它的具体情况，它出现的具体原因是什么？它属于谁？它在哪儿？它是什么时候出现的？怎么应对它？用多少资源应对它？

　　举个例子，人们普遍认为智商高的人更可能在事业上取得成功。这就是一个定性的预测和判断。接下来，我们就可以采取定量的方式来评估这一观点是否正确。我们可以通过对比实验和数据分析，估计智商对事业成就水平的影响有多大；寻找这一观点的因果关系；探究智商高的人在哪些领域更可能成功；怎样让智商高的人发挥他们的价值；甚至思考如何提高一个人的智商。

　　其实，**科学研究的过程就是一个将我们习以为常的概念，从定性到定量的分析过程**。通过实验和分析，科学不断地将我们觉得"好像是如此""大概是这样"的事物量化出来，让我们更精准地认识它们。

　　总之，预测是根据过往经验和知识理论，对未来做的推测。随着我们对事物的把握逐渐深刻，事物的面貌也会从模糊慢慢变得清晰，我们也更可能预知它未来的变化。

模型思维

预测是基于经验和知识而展开的活动，是一个根据已知条件和知识，寻求未知事物的过程。因此，准确的预测离不开丰富的经验和知识。但是预测也作为一种独立的思维活动，有一些相应的方法论。我们可以通过一些方法提高预测的准确性。

最有助于预测的方法论是建模思维。**模型是基于实际问题或者客观事物的经验和规律，通过抽象、概括和总结而成的。**[3] 它被创造出来就是为了分析事物之间的关系、解决特定的问题，以及预测事物的发展。

我们用几道数学题来帮助大家了解模型对我们预测的重要性。

> 在三角形 ABC 中，∠A=90°，∠B=60°，请问∠C 是多少度？

我想大家都会很快算出∠C=30°。因为我们都学过：三角形内角之和等于180°。在这里，"三角形内角之和等于180°"就是一个模型，一个帮助我们根据已知预测未知的模型。只不过这种预测，结果比较单一和确定，以至于大家不认为这是一种预测。

那么接下来，我们用另一道题目帮助大家理解模型和预测（在两千年前，要是你能算出这个答案，就是一个天才数字家）。

> 某城市拥有本地人口 1400 万人，预计该城市未来每年流入人口约 15 万人，该城市 10 年后会有多少万人口？

比起前面的问题，这个问题更贴近生活，也更有预测的味道。在这个问题中，我们运用到的就是线性函数模型。我们假设 X 年后的人口为 Y，那么人口预测模型为：$Y=1400+15X$。将 $X=10$ 带入该模型，即可得出 $Y=1550$，即该城市 10 年后人口为 1550 万人。

预测的事物和问题越复杂，需要运用的模型就会越复杂，比如，在预测群体的智力时，会用到正态分布模型；在预测生物繁殖速度时，会用到指数模型；在预测污染物扩散时，会用到高斯模型；在预测传染病传播时，会用到传染病传播模型；在预测产品的价格和购买量的关系时，会用到供需模型；在预测重金属衰变后的含量时，会用到半衰期模型……

我们在前面已经提及如何寻找事物之间的因果关系，但是寻找因果关系只是一种定性的判断。模型的价值则是对这种因果关系进行定量分析，让我们可以更具体、更详尽地了解这种因果关系。

定性预测：因果

定量预测：模型

举个例子，假设要对大气污染物的扩散进行预测和控制。我们知道"风速越大，污染物的扩散越快"，这是一个定性的因果判断。而大气扩散高斯模型可以让我们看到风速和污染物扩散速度之间的函数关系，甚至可以让我们知道污染物的落点在哪些范围内。

虽然公式看上去比较复杂，但是这种模型的定量预测能够给我们带来更大的价值。这可以用来界定一家企业是否违法排放废气，是否会对某个区域的居民造成影响，是否需要做更进一步的废气净化，甚至是否需要拆除厂房。通过模型，人们也更容易界定问题所在和需要改进的地方。

定性预测：风速越大，污染物的扩散越快

定量预测：

$$C(x, y, z, H) = \frac{Q}{2\pi \cdot \bar{u}\sigma_y\sigma_z} \exp\left(-\frac{y^2}{2\sigma_y^2}\right)\left\{\exp\left[-\frac{(z-H)^2}{2\sigma_y^2}\right] + \exp\left[-\frac{(z+H)^2}{2\sigma_z^2}\right]\right\}$$

式中：

C——任意点的污染物浓度，mg/m^3 或 g/m^3；

Q——源强，单位时间内污染物排放量，mg/s 或 g/s；

σ_y——侧向扩散系数，污染物在 y 方向分布的标准偏差，是距离 x 的函数；

σ_z——竖向扩散系数，污染物在 z 方向分布的标准偏差，是距离 x 的函数；

$\bar{u}$——排放口处的平均风速，m/s；

H——烟囱的有效高度，简称有效源高，m；

x——污染源排放点至下风向上任意点的距离，m；

y——烟气的中心轴在直角水平方向上到任意点的距离，m；

z——从地表到任意点的高度，m。

模型的价值在于，将粗糙的定性关系转变为更准确的定量关系。如果我们想要更好地预测事物的发展规律，就必须时刻保持建模的思维。

而想要给事物建立一个预测模型，我们必须先根据生活现象或者数据做一个初步的假设和判断。这里的假设和判断不一定是正确的，我们后面可以通过一些方法对其进行评估。

接下来，我们要确定因素。哪些是影响因素，哪些是想要预测的因素，还有哪些是会影响预测的其他因素；然后，我们要收集数据，根据数据之间的关系，寻找比较适合因果假设的模型；最后，将这个模型应用到实际中去，通过真实反馈来评估这一模型的可靠性。如果出现了较大的偏差，则需要修正模型。

我们采用一个比较简单的例子作为建模思维的引例，帮助大家加深对建模过程的理解和掌握。

以下数据为某新兴行业 10 年以来的历年销售额（见表 3-1），请推测该行业第 11 年的销售额。

表 3-1　某新兴行业的历年销售额

年次	1	2	3	4	5	6	7	8	9	10
销售额（万元）	36	192	352	571	743	912	1207	1522	1683	1935

对数据做初步观察后，我们可以大概感知到，这个新兴行业的销售额正处于逐年增长的状态。不过对于具体的增长幅度和变化趋势，我们还需要通过数据建模的方式来评估。

我们将数据放进坐标轴中，然后用初中时学过的线性回归知识，或者借用 Excel 软件，可以算出它们之间的关系：$y=207.08x-232.13$，得到图 3-1 中的函数关系，然后带入 $x=11$，得到 $y=2045.75$。我们由此可以预测，该新兴行业第 11 年的销售额为 2045.75 万元。

但是，我们也要意识到一个行业的增长不可能一直持续，还需要评估用一元一次线性回归的方式来预测是否合理。如果接下来数据结果的偏差很大，我们很可能需要用其他的函数模型来做预测，比如用对数函数的模型来预测接下来的销售额。

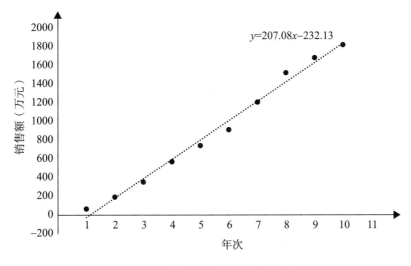

图 3-1　某新兴行业销售额变化图

在这个建模的例子中，我们先根据数据得到了一个模糊的感知，然后再利用模型确认两个变化因素的函数关系，进而预测未来的销售额情况。同时，我们还需要结合实际情况，评估是否需要对模型进行修正。

除了线性模型，常用的函数模型还有正态分布、指数分布和对数分布。这些分布曲线可以让我们理解和推测非常多的生活现象。

我们在网上经常会看到一些关于收入的内容，看多了会对这个世界产生偏差，以为遍地都是年入百万元的富翁。事实如何呢？如果我们懂得正态分布模型，结合两三个可以查阅到的数据，就可以评估出这个数值。

据统计研究，人群的收入基本符合正态分布。我们结合高中的数学知识，大抵知道正态分布的函数关系，以及在坐标轴上的表现（见图3-2）。

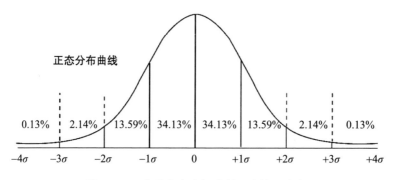

图 3-2　正态分布各个标准差所占的百分比

正态分布函数关系见下面公式。其中，μ 为数学期望，σ 为标准差。

$$f(x)=\frac{1}{\sqrt{2\pi}\sigma}e^{-\frac{(x-\mu)^2}{2\sigma^2}}$$

即使我们假设人们的年平均收入为 10 万元，标准差为 5 万元，那么大于年入 25 万元的可能性已经只剩下 0.13%。实际上，在中国家庭金融调查和中国社会综合调查的数据比对中，年入百万元以上的比例约为万分之五。

通过简单的正态分布模型，我们减少了被表象迷惑的可能性。其他模型也是如此，它们都可以用来预测特定领域的事物。这类定量的推理比起各种奇闻轶事和小道消息要更接近真实。

每一门学科都有很多预测模型作为我们了解特定领域的工具，我们显然无法全部掌握，但是，**其中一些常见的、重要的、客观的，以及具有广度和深度的模型，可以作为我们重点学习的对象。**

斯科特·佩奇（Scott Page）在《模型思维》（*The model thinker*）一书中做了一些关于思维模型的阐述。[3] 他在书中总结了 28 个重要的思维模型，这些模型可以解释生活中的大部分现象和问题。

随机游走模型可以解释，即使是胜率为 50% 的赌博，赌徒依旧会输得倾家荡产；博弈论模型可以预测，人们在什么情况下选择合作，什么情况下选择竞争；信息论模型可以帮助你用尽可能小的代价找出问题所在；阈值模型可以帮助你预测在哪些情况下可能出现难以承受的问题……

了解这些模型，对我们理解事物有非常大的帮助。这就像文案设计师先设计一些模板，当后面遇到类似的设计工作时，只需要在模板上进行简单的修改，从而大大提高了工作效率。同样地，当我们需要思考生活现象时，这些模型可以让我们更快看到其内在机制和工作原理，提高思考的效率。

反馈系统

预测模型得出的结果往往与实际不一致，这是非常普遍的现象。为了更好地预测，我们需要了解预测与实际之间产生差异的原因。

那么，预测和实际之间的差异，都是由哪些因素引起的呢？第一类因素是模型错误，第二类因素是复杂性，第三类因素是误差。

模型错误。我们在构建模型时，有可能使用错误的函数关系。尤其是数据量太少时，如果用很少的数据推测因素之间的关系，可能会得出错误的关系模型。

举个例子，一个孩子在 1 岁时身高为 70 厘米，2 岁时是 90 厘米，3 岁时是 110 厘米。如果我们由此得出一个线性函数来计算这个孩子未来的身高，就会发现结果有多离谱。当数据量过少时，轻易运用模型会导致严重的错误。

复杂性。一方面，正如前文提到的，关于人的知识一直在变，这种可变性导致了关于人的预测模型具有非常大的不确定性；另一方面，模型所预测的系统也会受到各种因素的影响，导致系统发生一些改变，如果没有及时将这些影响因素纳入模型进行修正，也会导致偏差。

比如，一个学生连续 10 次都考了 100 分的满分成绩，那么我们可能预测他下次还会考 100 分。但是，下次考试的难度陡增，里面出现了很多超纲的题目，这名学生只考了 60 分。之前，我们对这名学生的成绩的预测模型并没有错误。只不过因为系统突然改变，我们之前运用的模型还未做出修正，导致得出的结论与真实值存在较大的差异。

误差。引起误差的原因非常多。比如，仪器存在不足、操作存在一些问题、方法上无法做到精准，等等。

我们以家用电子体重秤为例。很多家用电子体重秤实际上是体脂秤，它的工作原理是利用人身体电流的微小变化来测量体重，但是，你通过运动可能会改变这种电流感应，导致测量出现误差。这里的误差是由于方法上无法做到精准而引起的。

另外，家用电子体重秤可以测量到小数点后两位数，但是无法测出更小的重量变化。比如，你喝一杯水前后测到的体重可能是一样的。这是由于仪器的精确度引起的误差。

我们测体重一般也不会完全脱掉衣服，而衣物也是有重量的。衣物引起的重量误差属于操作误差。

发现模型存在"预测与实际"的差异后，我们该如何识别引起这些差异的原因呢？

想要找出真正的原因，我们可以根据预测结果的三种特性进行分析，分别是偶然性、稳定性和群体一致性。我们也称这种分析方法为凯利三因素模型[4]。

偶然性很容易理解，它是由偶然因素引起的。稳定性则是由固定的因素引起的，稳定性可以分为内在稳定性和外在稳定性。内在稳定性是由引起事物变化的内在机制决定的，外在稳定性是由引起问题的外在影响决定的。群体一致性则是指其他个体是否与特定个体出现同样的问题（见图3-3）。

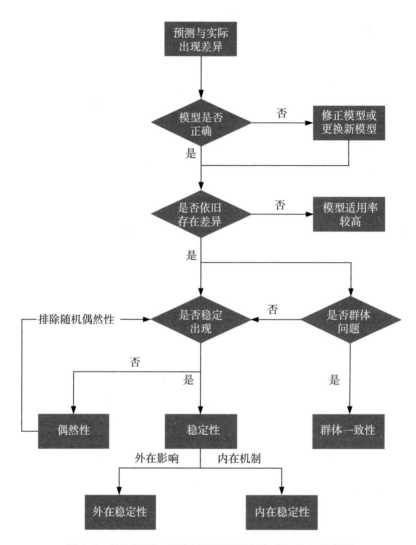

图 3-3　使用凯利三因素模型解释预测与实际之间的差异

　　我们用一个例子来更好地理解这三种特性（见图 3-4）。如果你们公司有一位同事，他工作了半年只迟到了一次，你会觉得他这次迟到是偶然的，可能是一些特殊情况导致的。

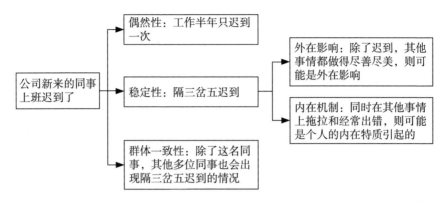

图 3-4　用凯利三因素模型分析迟到原因

如果这位同事在工作的半年里，隔三岔五就迟到，你认为是什么原因呢？你会认为一定有一些稳定的因素导致了这种情况，有可能是这位同事时间观念差（内在机制），也可能是他家离公司太远（外在影响）。

为了区分这种稳定的因素是内在机制还是外在影响，你还需要评估这位同事在其他事情上是否认真、负责。如果这位同事除了迟到，其他事情都做得尽善尽美，你就会认为是外在影响才会导致他经常迟到。相反，如果这个同事在其他事情上也拖拉和经常出错，你就会认为"经常迟到"这件事是他个人的内在机制引起的问题。

如果除了这位同事，其他多位同事也出现隔三岔五迟到的情况，你又会认为是什么原因呢？你可能就会思考，是不是公司的选址太偏了或者来公司的路况太差了，否则不应该有那么多人犯同样的错误。

这个思考过程，就是运用结果的偶然性、稳定性和群体一致性等信息，作为判断"哪里出现问题"的依据。

同样地，分析预测结果和实际结果之间的差异，也可以用凯利三因素模型寻找原因。

假设我们要测试某款新药对某一疾病的治疗效果（见图 3-5）。在临床研究中发现，这款药只对 1% 左右的被试有治疗效果，可以认为这个药物并没有疗效，也可以说明研制这款药物使用的预测模型存在问题。

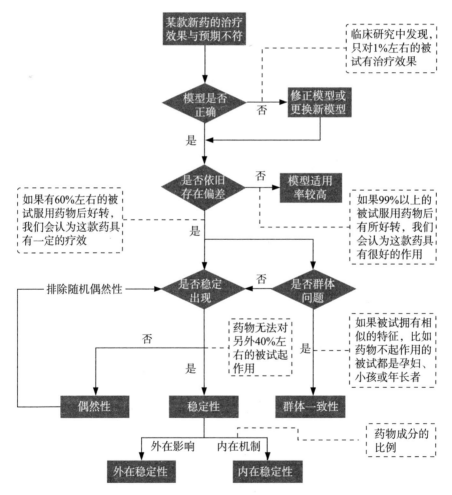

图 3-5　用凯利三因素模型分析医疗效果差异的问题

如果有 60% 左右的被试服用药物后好转，我们会认为这款药具有一定的疗效，但是这其中有一些稳定的原因，导致了药物无法对另外 40% 左右的被试起作用。这说明了模型可以起到预测作用，但是有其他未考虑到的因素在这个过程中也起了作用。

我们再根据被试的特征判断药物无效的原因。如果被试拥有相似的特征，比如服用该药物无效的都是孕妇、小孩或年长者，我们就可以推测，这类药物不起作用是被试本身的特性导致的。相反，如果服用药物不起作用的被试并没有共同特性，我们就需要寻找药物内在的原因，比如药物成分的比例是否合理。

如果 99% 以上的被试服用药物后有治疗效果，我们会认为这款药具有很好的作用。我们可以确定这一药物具有非常好的疗效，而且能对它的作用机制有较为明确的认识。

总之，当预测出现偏差时，我们先评估预测模型是否有问题，如果一直无法准确预测，那就是模型出现了错误。其次则是评估这种偏差是不是偶然出现的，如果是偶然出现的，我们则认为这是一种误差。如果这种偏差一直稳定出现，我们则认为这种偏差是由内在或外在的原因造成的。

了解了可能引起预测偏差的三种因素，那么如何才能够减少这些因素的干扰和影响呢？

如果导致预测偏差的是模型错误，那么解决的思路比较清晰。我们需要通过更多的数据和更多的评估，来确认新的模型。因为数据量越少，能够用来拟合的模型就越多。这就像两点确定一条直线，如果我们只有一个点的位置，就可以画出无数条直线，但是我们无法弄清楚哪条线才是我们想要的。

当我们收集了足够多的数据之后，可以将几种常见的模型都拟合一次，看看数据结果与哪个模型更吻合，进而筛选出合适的模型。这样不容易陷入一些思维误区，忽视其他可能性。

如果导致预测偏差的是稳定的因素，那么我们就要用到前面提到的分析方法，先找到问题的症结，通过分析出现预测偏差的样本的共同特征，进而发现问题和解决问题。

举个例子，我们通过数据模型得出，硬币正面朝上和背面朝上的概率均为50%。但是我们在用一枚硬币实测过程中，发现这枚硬币正面朝上的概率为60%，那么我们就需要评估，这种稳定的偏差到底是由什么造成的。

我们可以先检查投掷硬币的环境是否出现了问题，比如，观察投掷的人是否在力度或者角度上有刻意控制的行为。如果环境上不存在固定的影响，就要评估这枚硬币的内部构造是否存在不均匀的情况等，通过层层分析，进而发现并解决这类问题。

如果导致预测偏差的是随机因素，我们需要先评估这种偏差是否具有真正的偶然性，找到这些随机性误差的规律。

举个例子，"事故"，翻译自英文单词accident，指的是随机的、偶然性的情况。以前人们认为交通事故是偶然的、不可预测的。然而，现在人们知道，交通事故并不全是偶然发生的。

马路上偶尔会发生车祸，我们会认为这是在所难免的。然而，这种随机性也有一些规律，比如，三角路口更容易发生车祸、开车时接电话更容易发生车祸、雨雪天气更容易发生车祸……通过总结这些规律，给出一些针对性的建议，就可以减少这种随机性。

如果我们认为这些偏差必须尽可能降低，就需要继续沿用结果偏差的凯利三因素模型，分析这种偏差是随机因素引起的，还是有稳定的内因和外因，或者存在系统上的问题。通过层层改进，实现降低预测偏差的目标。

第四章

改变与控制

如何在真实的反馈中一步步接近目标

讲完了对事物的预测，我们接下来还要思考如何控制事物。

在维纳（Norbert Wiener）的《控制论》（*Cybernetics: Or the Control and Communication in the Animal and the Machine*）中，**"控制"指的是为了改变某个或某些受控制对象的功能或发展，需要获得并使用信息，以这种信息为基础而选出来、施加于该对象的作用。**[1]

比如，像前面提及的，我们探究车祸发生的规律，进而减少车祸发生的概率；了解疾病的内在机制，进而研发出有治疗效果的药物；了解社会的发展规律，进而让自己找到努力的着力点和方向；了解自然界的物质循环和能量循环的规律，进而实现人与自然的和谐……

人类发展到今天，拥有非常多的专业学科。每一个学科的方向，实际上都是一个需要控制的方向。"控制"发生在我们能想到的每一个地方。而我们希望通过研究出一个个领域的内在规律，进而实现更好的预测和控制。

但是，预测和控制之间存在着一道鸿沟，就像"知道"与"做到"之间的区别。即使我们了解了事物的内在规律，离真正能运用和改造它们，也还有很长的一段路需要走。那么，我们该怎么走这段路，才能让我们不仅可以预测事物的变化，还可以实现对其进行控制呢？

控制的基础是信息。**如果想要实现控制，我们必须掌握尽可能全面的信息，而且还需要这些信息的反馈。**因为外界的环境一直在变化，我们必须收集这些变化的信息，避免信息滞后而产生过时的控制策略。

我们以自然界的生物捕食为例，来理解控制的过程（见图 4-1）。一头狮子远远看到一群绵羊，它看中了一只看起来比较年老的绵羊。然后，它躲在杂草之中匍匐前进，慢慢靠近老绵羊，避免被它发现。等到距离较近时，狮子猛然加速，冲向了老绵羊。羊群看到危险之后，瞬间四散而去，场面十分混乱。

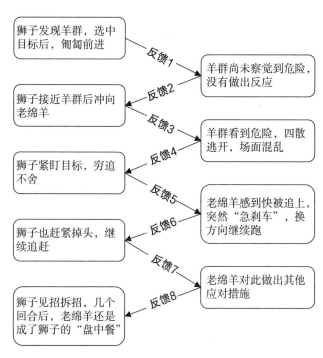

图 4-1　应对环境变化的目标实现过程（控制过程）

狮子紧紧盯着那只老绵羊，穷追不舍，而老绵羊感到快被追上了，突然一个"急刹车"，换了个方向继续跑。狮子也赶紧掉头，继续追赶。几个回合之后，老绵羊还是被抓住了。

这个捕食的过程，其实就是一个较为完整的控制过程。狮子先收集信息，看到了羊群，并且识别出了哪只羊更容易得手，然后根据目标的位置，借助环境，不断靠近目标。老绵羊得到狮子的信息后开始逃跑，并且根据狮子的位置信息，做出转弯的策略。而狮子根据老绵羊的逃跑路径等信息，做出调整，最终捕获老绵羊。

在其他领域的控制也是如此。我们必须先确定需要控制的事物的状态和想要达到的目标，接下来则是用各种方法不断地靠近目标；而外界一直处于变化之中，我们还必须根据外界的改变做出策略调整，增加实现目标的可能性。

从这个例子可以看出，**想要实现控制，必须注意三个方面，分别是信息收集、信息反馈和策略调整**。而其中，"信息收集"与前文提到的"描述和解释事物"的做法比较接近。

信息收集

我们想做的任何事情，都离不开信息。无论是描述、解释、预测还是控制，每个环节都需要通过信息才能实现。如果对信息的处理出现问题，就会导致接下来的环节走向错误的方向。

数学家克劳德·香农（Claude Shannon）将信息定义为：用来消除不

确定性的东西。[2] 我们通过获取和识别不同的信息来区别不同的事物，并且总结出规律信息，进而认识和改造世界。在这个过程中，我们对事物的认识越来越清晰，模糊不解的地方也越来越少。

知识的四个功能分别是描述、解释、预测和控制。而这也是我们认识事物、改造世界不可或缺的四个步骤。如果顺利的话，按照上面四个步骤，不断地学习和积累，我们会找到一条不错的道路，并通过它认识和改造世界。

但是，**认识和改造世界并不是一件容易的事，我们在这条路上会遇到非常多的障碍和麻烦。其中两个最大的问题，一个是我们自身的主观构建导致的错误认识，另一个是对信息的甄别和运用能力有限。**

信息有好有坏，有深有浅，有真有假，我们需要从这些杂乱无序的信息中，筛选出能够帮助我们实现目标的信息，识别出可能存在虚假成分的信息，避免误判。

如表 4-1 所示，根据信号检测论模型，我们在识别外界信号的时候，可能会出现四种情况，分别是击中、漏报、虚报和正确否定 [3]。

表 4-1　信号检测论

外界信号	应激	不应激
危险信号	击中	漏报
背景噪声	虚报	正确否定

我们可以用雷达识别目标飞机为例。当目标飞机飞来时，雷达将其准确识别出来，这种情况就是击中。如果目标飞机飞过，雷达没有识别到这一信号，那么就属于漏报。如果一架正常的载客飞机，或者非目标飞机飞

过，但是雷达将它识别为目标飞机，这种情况就属于虚报。如果非目标飞机飞过，而雷达识别出它不是目标飞机，这种情况则属于正确否定。

人的感知器官其实就是一个个雷达，可以接收不同的信号，并且根据目标筛选出有用的信息，再通过认知的加工，判断信息的真伪。

信息筛选

当我们想要执行一个目标的时候，我们会收集与这个目标相关的各种信息，然后加以整理和筛选。

比如，一个想要考研的人会先去了解报考的院校、专业课、考研的流程和其他相关信息。然后他再按照这些信息做出一些安排，以增加自己考研的成功率。一个想要创业的人，要先了解自己所在领域的行情、分析自身的优劣势，以及获取与创业相关的其他信息，通过对这些信息的整合，再评估创业的可行性，以及规避一些潜在的风险。

在筛选信息的时候，目标就是那张筛网。通过它，我们可以从海量且杂乱的信息中筛选出我们想要的部分。

至于如何筛选想要的信息，依旧可以采用前面提到的 5W2H 分析法。我们围绕自身的目标（是什么），分析与目标相关的对象、环境、时机，进而思考如何开展这个目标，需要哪些信息。

整体而言，有价值的信息并不会直接呈现在我们的面前，它需要我们去挖掘和寻找。在这个过程中，运用好 5W2H 分析法，可以帮助我们获得更全面的信息，减少重要信息的"漏报"。

但是，我们在获取目标相关的信息时，还要学会辨别这些信息的真伪。很多现象都具有伪装的特性，比如动物世界中的变色伪装、商业竞争中的尔虞我诈、人际关系中的隐瞒背叛。自然和社会中都存在大量的虚假信息，这些虚假的信息会影响我们做出正确的判断。

那么，我们要如何才能看穿这些信息的真伪呢？我们可以运用多角度求证思维。

如果一个人说他最近经常头痛，医生可以断定他是发烧了吗？显然不行，因为很多疾病都会引起头疼，比如睡眠不足会导致头痛、发烧会导致头痛、颈椎病也可能导致头痛……医生必须结合他的其他症状和检查结果，才能够确认患者头痛的原因。

类似地，**当我们获取一个信息时，也要试着从多个角度，用多种方法来验证这一信息，进而判断信息的真伪。**

多角度求证的思维是一种非常有用的方法，可以避免很多虚假的信息。在美国有一句谚语："如果一个东西，看着像鸭子，走起来像鸭子，叫起来像鸭子，那么它就是鸭子。"这其实就是一种多维度求证的思维，通过结合外貌、行为、声音等信息，判断它是一只鸭子。

反之，单个角度的求证很具有欺骗性。如果它只是看起来像鸭子，那么它可能是一个鸭子玩偶；如果它只是走起来像鸭子，那么它也许是一个模仿鸭子走路的小丑；如果它只是叫起来像鸭子，那么也可能是录音带的声音。

多角度求证操作起来很简单，但是很多人不具备这种思维能力。有些网络热点事件经常会出现舆论反转，因为这些"反转的舆论"一开始的信息，大多是一家之言，并不是通过多角度求证得到的，因此难以辨别这些信息的真伪。而很多人在没有求证的情况下，就开始转发这些具有欺骗性的信息，助推了舆论发酵。随后，当另一个角度的信息出现时，人们也许就会看到一个截然相反的真相。

当我们想要求证某个重要信息的真伪时，我们应该尽可能通过多个渠道，采用多种方式、多类证据求证这一信息。

我们可以结合四要素分析法和 5W2H 分析法来多角度求证信息。

对于单个事物的判定，我们可以采用四要素分析法。从质料、形式、目的和动力等多个维度来确认信息是否真实。正如前文所讲到的谚语"如果一个东西，看着像鸭子，走起来像鸭子，叫起来像鸭子，那么它就是鸭子"。

在这里，我们用了形式和动力等因素来检验眼前的鸭子。我们还可以用质料因素和目的因素来检验这只鸭子。比如，这只鸭子摸起来也有鸭子的触感，我们就可以在质料因素上检验。当然，如果这只鸭子被人们用来当作宠物，我们还可以从目的因素上检验。

这一方法可以用来检验很多新概念。网上时不时会出现各种千奇百怪的概念，比如比特币、元宇宙、增长黑客、去中心化等。对于这些新概念，我们可以先从质料上分析它的定义是什么，然后再了解它是以什么形式出现，以及会诞生什么新功能，最后则结合它的发展过程来认识它。

对于单个事物，我们可以用四要素分析法来检验信息是否真实。而对于复杂的事物，会涉及更多要素，我们就需要用覆盖面更广的 5W2H 分析法来评估。

我们可以思考，侦查人员是如何办案的？他们不仅需要了解案发经过、案发时间和案发地点，还要寻找人证、物证，以及确认嫌疑人的犯罪动机。这其实就是一个求证的过程。他们收集多个角度的信息，只为了还原一个真相。

其实侦查过程也是基于5W2H分析法的。他们先通过经验和现场的物证情况，大致对这个案件定性，然后寻找人证（Who）和物证（What），确认案发时间（When）、案发地点（Where），了解作案方式（How）、作案动机（Why），以及损失程度、性质的恶劣程度（How much）等。凭借一系列信息，侦查人员才可能下初步的判断。

我们在确认事件是否真实时，也可以用这种方法来判断。绝大多数谎言都无法做到滴水不漏，只要我们愿意运用这一简单的方法去做判断，就可以识破绝大多数有问题的言论和谎言。这样也可以降低我们被欺骗的可能性。

信息反馈

接下来，我们来了解"信息反馈"这一环节。信息反馈其实也是预测的一种，不过两者也有一些区别。这种区别主要是由事物的特异性和可变性引起的。

假设，根据统计数据，发现猴子喜欢吃香蕉的概率为90%。于是我们随机抽取一只猴子，这只猴子刚好不喜欢吃香蕉。那么，我们就不能继续以90%的概率预测"这只猴子喜欢吃香蕉"，而应该根据这些信息反馈得出结论：这只猴子100%不喜欢吃香蕉。这种情况下，预测不再适合这个具体的案例，需要根据反馈调整自身的认知和行为（见图4-2）。

图 4-2 预测与反馈的差异

而在各类竞技活动中，经常会出现一种很有趣的现象，那就是"我预判了你的预判"。对方觉察到我们接下来的操作，而我们又觉察到对方可能会提前做出的相应策略。这种情况下，我们考虑到原先的策略很可能被对方针对，因此选择一种新的策略。

"我预判了你的预判"也能说明预测和反馈的区别。信息反馈需要结合更复杂的因素来评估，而不仅是以一种有规律的形式去预测。我们的预测也许并没有错，但是外界一直处于可变的状态，我们也必须利用这些信息反馈，调整自己的认知和行为，才更可能实现控制的目标。

比如说，一家公司因为某个项目持续亏损，人们推测这家公司很快就要破产了。而接下来，这家公司通过断臂求生的方式，砍掉了这个亏损的项目。我们的预测就需要根据实际进行调整。

相反，**如果我们不根据系统的反馈做出调整，就很可能出现"形而上"的错误**，即以静止的、孤立的和表象的方式认识事物，最终导致错误的判断和思维结果。[4]

简而言之，我们想要实现控制的目标，不仅要对事物进行预测，还要根据真实的信息反馈，调整自己的认知和策略，进而接近目标。

策略调整

策略其实就是一系列方案的集合。事物一直在变化，而我们需要根据它们的变化情况，采用不同的方法来应对，这一系列方法就是策略。

策略调整的关键在于我们与目标之间的"距离"，这里的"距离"可以是物理的，也可以是进度的，还可以是心理上的。

当"距离"不断缩小的时候，我们就可以认为当下的策略具有可行性。如果"距离"一直保持不变或者不断扩大，那么我们就要调整策略。而为了衡量这种"距离"，我们将实现目标的过程分为不同阶段，进而更好地感知自己的策略是否需要调整。

举个例子，如果我们要发展一家企业，当企业处于初期时，企业面对的首要问题是"活下去"，因此需要先找到企业盈利点；当企业处于发展期时，要思考"如何做大做强"，企业发展的重心就变成扩大规模；当企业进入扩张期时，企业规模变大、业务增多，就需要提高企业管理能力；当企业进入成熟期后，则需要调整经营方向，寻找新的盈利点。

当然，企业是一个复杂系统，发展策略只是诸多策略之一。在企业的发展策略之下，还可以衍生出产品策略、人才策略、城市策略、营销策略、渠道策略和价格策略……而且，每个策略都需要根据外界的反馈不断做出调整，才能够更好地实现"控制"的目标。

事物之间的差异过大，这里不再做详尽的分析。不过我们可以简单分析控制的不同阶段，以及如何进行策略的调整。

根据控制的节点，可以将控制分为事前预防、事中改进和事后补救三个环节。这种划分有助于我们更好地控制问题和改变事物的发展。

控制的过程，其实是一个解决问题的过程。我们通过分析当下的事物，寻找这些事物的内在规律，然后通过一些措施进行事前预防、事中改进，或者事后补救，进而解决问题。

对于解决问题的策略，我们需要结合问题的条件，以及事物的规律来制定。而对于分析问题以及寻找规律的环节，前面已经有所提及。我们接下来将关注点放在问题的事前预防、事中改进和事后补救这些控制环节上。

举个例子，通过科学研究发现，如果一个人长期在过于昏暗的环境中用眼，可能会导致他患上青光眼。那么，根据这个规律，我们可以在事前采取预防措施，比如避免或减少长期在昏暗的环境中用眼的情况，进而保护好眼睛。如果我们不得不在昏暗的环境中用眼，也可以采用事中改变的方式，比如增加照明设备来改变昏暗的环境，进而减少不当用眼的情况。如果我们已经是青光眼患者，就只能通过事后补救的方式，比如通过手术、服药等方式来补救（见图 4-3）。

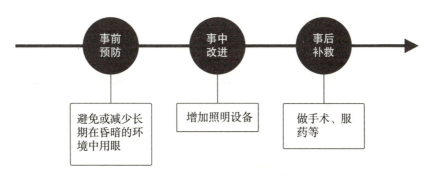

图 4-3 事前预防、事中改进和事后补救三个环节

相对于事中改进和事后补救，事前预防的效率是最高的。我们常说的"防患于未然"，就是一种事前预防的思想。

事前预防

我们知道，"消防"的重点在于"防"。大多数火灾都可以在事前预防，通过控制各种可能引起火灾的因素，将引起火灾的可能性降到最低。在这种情况下，我们所需要付出的成本是最可控的，也可以说是最低的。

社会为什么有那么多规则？实际上，这些规则和约束，都是一种事前预防的思想。在问题出现之前，给大家一个行为规范，进而减少问题出现的可能性。

交通规则是为了预防交通事故，给大家设定的一套开车上路的规范。如果人们都按照这套规范执行，就可以大大减少交通事故。这样对交通环境的影响更小，对人们造成的危害也会减少。

学校有学校的规范，企业有企业的规范……每个领域都有各自的规范。这些规范都是以预防为主的思想，旨在告诉大家怎么做才能够减少问题，甚至避免问题。

很多新生事物在一开始时都没有一个明确的规范，因此往往会出现很多问题。比如，在"直播带货"出现的初期，由于缺乏规范，这个领域出现了假货横飞、偷税漏税、缺斤少两、权责不分等问题，使有些人借机牟取不正当的利益。

我们在做一件事情的时候，一定要有预防为主的思想，否则就会被接踵而来的各种麻烦牵制，导致事情越做越差，问题越来越多。

事中改进

事中改进则是在行动中纠正偏差，尽可能将损失降到最低。

显然，我们不可能预测所有的可能性，而且理论与实践总是存在差距，很多时候只能够一边行动，一边通过实践的反馈来改进自己的工作。在事中改进的环节，我们需要形成一个纠错系统，在问题出现时快速应对和解决。

例如，虽然设置了交通规则来规避车祸，而现实中还是会有车祸发生。因此，当车祸发生之后，需要系统快速纠错，比如快速将发生故障的车辆拖走，避免造成道路持续拥堵。

我们为什么需要灭火器等消防设备，因为无论如何严防死守，依旧有可能发生火灾。而为了在发生火灾时快速灭火，准备灭火器就非常有用了。在这种情况下，灭火器就是一个纠错系统，当偶然的偏差出现时，我们可以快速解决问题，避免这个小问题不断积累导致更大的问题。

在我们执行任务时，事中改进的策略具有灵活性。**如果一切事情都要**

万事俱备才可以开始，那么我们可能什么都做不了。因为我们很难做到充分的准备，永远有无法预见的问题和困难。而边做边改进可以让我们在实践中不断提高对事情和问题的认知，这样反而更可能解决问题。

事后补救

事后补救是在事情发生之后采取的措施。这就像一场大火蔓延千里，自然熄灭。我们能做的就是采取一些事后的补救措施，总结经验教训，对以后做更完善的预防。

这种控制方式不仅低效，而且还具有滞后性。事后补救并没有办法挽回已经造成的损失，更多是为了避免下次出现同样的问题。亡羊补牢并没有办法让被狼吃掉的羊回来，但是可以避免未来继续遭受损失。

比如，一家企业投入了数百万元成本生产的产品并不被市场认可，那么它就只能做一些事后的补救，要么卖掉设备回本，要么再总结过去失败的经验改进产品的性能。

当然，事后补救也有一个好处，那就是获得了真实的反馈。这种反馈可以让我们得到最具有实践价值的信息，我们也可以借此制定更具预防性的规范，做出更好的事中改进策略。

总之，不同的阶段可以采用不同的控制策略。而事前预防是解决问题最高效的方法，也是最能提高行动成功概率的控制策略。

我在创业初期，拉了两个同学做搭档。在一个项目收益的分配上，我们出现了分歧。其中一人觉得自己作为关键负责人，收益不应该那么少，希望我重新分配。这时候我拿出了以前合作时约定的股份分配方案，对方虽然心有不满，但是他也知道自己理亏，只能作罢。

一开始，他们认为彼此关系这么好，没必要签这份合同，大家肯定会按照口头约定来。我基于事前预防的思维，坚持签了这份合同，这为后面处理分歧时提供了有力依据。我想，如果没有这份合同，我们很可能会陷入无止境的纠纷之中。

其实，很多人做不成一件事情，看似因为运气不好，其实是因为缺乏这种事前预防的思维，没有将各种可能存在的风险加以衡量并提前做相关的准备。做事情时，他们就会被一个个"突然出现"的麻烦纠缠住，以至于无法继续前行。

总之，通过事前预防的方式，可以大大减少工作和学习中出现的问题，进而提高我们做成一件事的概率。

那么，我们要怎样才能够做到事前预防呢？我们前面提到的5W2H分析法又要派上用场了。我们可以通过5W2H分析法，寻找可能出现问题的部分，然后进行事前预防。

首先，我们先确定自己要做的事情是什么，接下来以这件事情为核心，分析这件事情的流程、原理、相关人员、环境、时间、方法和投入等因素；然后，对每个因素都提出疑问：这个部分可能会出什么问题？如何改进才能避免问题？最后，我们采取一些措施来规避这些问题，实现事前预防的目的。

比如我们想要提高某个产品的质量。首先，我们要弄懂这个产品的生产流程和生产工艺、了解是谁负责生产的、车间的环境是怎样的、生产时间长短如何，以及投入产出的情况。接下来，我们对每个环节进行提问：

员工素质是否会影响生产？车间整洁度是否会影响产品质量？产品工艺时间是否会影响产品质量？当前的生产方法是否可以改进？最后，我们再根据这些疑问，运用前面提到的凯利三因素模型，一个个探究其中的可能性，找到能提高产品质量的方法，比如思考是否要再进行员工培训、怎样保持车间的整洁度、如何优化产品工艺等。

总之，通过将事物分成事前、事中和事后三个阶段，有利于制定更有针对性的控制策略，提高我们对事物的控制能力。

实验和模拟

采取预防措施可以规避一些未知的风险，但预防并不能规避所有问题，我们还是会在行动的过程中遇到新的问题。

为了更好地应对这些潜在的问题，我们需要通过测试和仿真实验的方式，来了解事物变化的规律。[5]

在飞行器的研发中，科学家会用实验装置产生并控制气流来模拟飞行器或实体周围气体的流动情况，以检测飞行器的性能和发现可能存在的问题。

如果在技术不够成熟的情况下，直接让飞机或者航空设备上天，很可能造成严重的坠毁事故，以及带来巨大的损失。而利用模拟飞行的方式检验飞行器的性能，可以更真实地得到数据反馈，发现潜在的问题。

通过实验的方式，既可以避免事故和损失，又可以获得更真实的数据，弥补理论和实际的差距。通过实验来实现更好的控制，这种策略在生活中非常普遍。那么，我们要如何运用好这种策略呢？

实验能够提高控制能力的两个核心点，一个是降低试错成本，另一个是获得数据反馈。我们可以利用"PDCA 循环"这一分析工具来实现这两个需求 [6]。

PDCA 是英文字母 Plan（计划）、Do（实施）、Check（检查）和 Act（处置）的首字母缩写。PDCA 循环则是这四个过程的循环和升级（见图 4-4）。

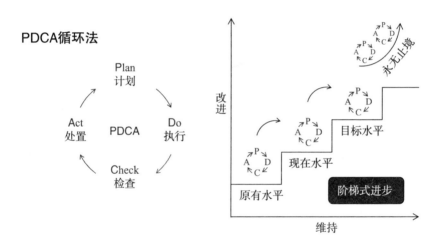

图 4-4　PDCA 循环

Plan（计划）：根据目标进行规划，为实现目标建立必要的计划。

Do（实施）：投入资源，实行计划。

Check（检查）：检查目标达成情况，判断计划是否行之有效。

Act（处置）：将成功的经验进行总结和制度化，把没有解决的问题提交到下一个 PDCA 循环中解决。

　　这种策略比不断地在理论上论证一个计划的可行性更好，因为很多现实的因素，我们没办法预测到。如果要加入各种可能性分析，那么因为现实的不确定性，需要的周期会很长。同时，这种方式铺开的面比较小，可以有掉头的空间，不至于全盘覆灭。

　　科学研究中会用到"PDCA循环"。科学家研发出药物，会先在其他哺乳动物上做实验，以此获得一些数据。这些数据不仅可以评估这种药物能否起作用，还可以帮助发现药物潜在的副作用。这样做的好处也很明显，既可以获得更真实的数据和反馈，又可以避免对人体造成伤害。

　　这一方法在企业中的运用更是非常普遍。在软件开发领域中，程序员在上线自己的软件前，他们会先测试软件受到某些攻击后的承受能力和安全指数；还会模拟各种可能会发生的操作；甚至让服务系统突然中断，来测试软件能否抵御这种突发事故。经受住这些测试之后，他们才会上线这个软件。这样可以尽可能提高用户的产品体验，也可以降低产品因出现性能问题被下架的可能性。

　　从这些例子可以看出，采用PDCA循环的方式既可以让我们直接面对问题，也可以有掉头的空间，进而更有针对性地、低成本地解决问题。

　　我们也可以将这种方法称为"小范围试错，快速迭代"。比如你想要制订一个规划或方案，先小范围实行计划，发现不足的地方及时改进，然后将改进后的策略推广到更大范围。这会比一开始就想做出一个"完美计划"更高效。

　　总之，工作中很难有一步到位的方法，更没有一劳永逸的方法。我们只能在尝试中获得更多的反馈，根据反馈改进不足之处，这也是更高效的方法。

PDCA 可以给出真实的数据反馈，以及降低试错成本。降低"试错成本"是一个自然而然的过程，因此，不需要太过于关注。而获得真实的数据反馈，并不是自然而然的过程。我们需要主动收集数据，主动探究事物的内在机制，才能够实现这一目标。

接下来，我们将思考如何获得真实的数据反馈。5W2H 分析法又要派上用场了（见表 4-2）。

表 4-2 运用 5W2H 分析法收集数据

5W2H	现状	必要性	改善
目的（Why）	为了什么	有无必要性	理由是否充分
对象（What）	做什么	为什么要做这个	能否干别的
地点（Where）	在何处干	为什么在此干	有更好的地点吗
时间（When）	在何时干	为什么这时干	有更好的时间吗
人员（Who）	由谁干	为什么由他干	有更适合的人吗
方法（How）	用什么方法干	为什么这样干	有更好的办法吗
花费（How much）	花费几何	为什么要花费这些	有更节省的办法吗

我们在收集数据时，依旧要分析这 7 个层面，而且后续需要对这 7 个层面的操作进行改进。

第一，我们要确定自己要执行的任务是什么（What），要控制的对象是什么。会遇到这个问题的人，主要是一个领域的新手。

比如，经常有读者跟我说想要学习心理学，但是都不知道从哪里学起。我一般都会给他们推荐几本比较全面的心理学通识书，这样他们就可以对这个方向有一个大概的了解和掌握，帮助自己摸清心理学的轮廓，然后深入了解和学习。

这其实也适用于其他事情。当我们想要弄清楚自己的任务时，需要有一个较为基础的认知，在一个框架内去做事，这样可以大大减少试错成本。

第二，我们需要收集数据进行评估，这项任务能实现目标吗（Why）?

我们经常可以看到一些南辕北辙的情况。比如有的企业在自己的产品出现负面消息时，它们的第一反应不是思考如何解决问题，而是想着如何压住消息。最后，人们不仅对产品质量有意见，还对企业店大欺客的态度有意见。可以说，掩盖负面消息的行为，不仅无法维护企业的声誉，反而暴露了企业的傲慢，让顾客更反感这家企业。

通过收集这些真实的数据，我们可以了解自己的做法能否实现自己的目标，避免在执行的过程中造成不必要的浪费和损失。

第三，我们需要收集数据评估环境（Where）。 有的时候，地点也会影响"控制"的效果。如果我们想举办一场活动，选择在室内或室外举办，效果会有很大的差别。在室外举办活动，如果突降大雨，很可能就要被迫中止。我们需要结合任务和目标，考虑环境的影响，评估是否可以通过改变环境来提高对任务的控制效果。

第四，我们需要收集数据评估时间（When）安排是否合理。 通过对时间安排的改进，也可以提高对目标的控制效果。

如果我们想要保住全勤奖，就要评估好通勤时间，避免迟到；如果我们想要做出一个好的营销方案，需要与一些时间节点相结合；如果我们想做一道美食需要把握烹饪时间；如果我们要避免遗忘某些事情，也许需要设置定时闹钟……

　　时间对事物的控制效果有非常大的影响。因此，我们也需要通过小步试错的方式，记录时间点或者时间段，寻找最高效率的时间安排。

　　第五，任务的执行者也是必须考虑的改进因素（Who）。在完成一项任务时，人的重要性毋庸置疑，不同的人做事会产生不同的效果。

　　我们必须结合实际反馈，了解谁更合适做这件事。比如，我们可以通过考试来测试哪些人对专业知识掌握得更好，以便选拔出想要的人选。我们还可以用竞争的方式，通过实践来确定谁更适合执行某项任务。确定谁更适合之后，再将更大的任务交给他去执行。

　　第六，我们要看看有什么方法能够更好地实现目标 (How)。

　　实现一个目标经常会有多条路径，我们可以通过一些试错，找到一条更适合自己的路径。比如，在营销方案上，经常会采取 AB 测试，即用两种不同的营销方案进行市场效果测试。通过小范围的试错之后，营销人员再选择效果更好的方案，进行产品营销。

　　第七，成本的改进。我们应该用尽可能低的成本，实现尽可能好的结果 (How much)。在执行任务的过程中，如果我们需要投入的成本过高，很可能导致半途而废。我们必须评估成本的合理性，以及尝试降低各种不必要的成本，这样也能够改善我们执行时的效果。

　　当然，理论和实际之间始终有差距，上述方法仍属于理论层面，具体到实际应用中，我们无法如此理想地实现全方位的改进，但是这些可以作为我们可以努力的方向。总体而言，从这些要素入手来改进自己的控制行为，有利提高我们的执行效果，帮助我们达成目标。

第五章

认知的盲区

如何看到大脑对自己潜意识的“偏心”

每个人都必须面对的人生命题是，如何认识自己。

我们一旦对自己产生错误的认识，就会出现各种各样的思维问题。这些问题可能是，无法听进真话，不愿接受事实，思维越来越狭隘，有不切实际的期待和信念，无法理解新鲜事物等。而这些思维上的问题又会造成现实中的困难，对我们的行为形成阻碍。

因此，我们需要了解自身的思维盲区，减少思维的错误和偏见。这对我们做任何一件事情都有很大的帮助。

内部视角

内部视角，就是从自身的角度看问题。而外部视角，则是从他人和环境的角度看问题。

发展心理学家让·皮亚杰（Jean Piaget）曾经做过一个著名的实验——三山实验（Three Mountain Task）。[1] 皮亚杰在孩子面前摆放了三座不同的山的模型（见图5-1）。从桌子的四个方向看，会看到这三座山有四种形状。皮亚杰让孩子坐在一个位置上，在孩子的对面摆上一个玩偶，让孩子在几张图中，选出玩偶"看"到的三座山的形状。实验结果显示，孩子只能够看到自己所在角度的山，而不能准确选出玩偶角度看到的山。

图 5-1　三山实验图示

这其实就是一种典型的内部视角——从自身的角度看问题。

无论是小孩还是成年人，都会自然而然地优先从内部视角考虑问题，而忽视外部视角。也正是这种偏向，导致我们产生很多自认为完美，实际上问题频出的行为和想法。

那么，为什么我们会有内部视角呢？因为每个人都是以自我为中心的。我们只能知道自己在想什么，而无法知道别人在想什么。因此，我们只能够以自己的视角去判断别人的想法，去思考别人看到的事物。

随着心智的成长，我们会慢慢意识到自身与他人之间存在的差异，只不过这个过程有快有慢，水平有高有低。

我曾经发布过一则招聘信息，要求应聘者发简历。一些应聘者发过来的简历文档，名称都写着"个人简历.doc"。这就是一种典型的内部视角。

这样的标题可以让应聘者自己知道这个文档是他的个人简历，但我接收到的简历很多，这个名字根本无法让我知道投简历的是谁。

而从外部视角看，如果将标题改为"×××（姓名）应聘××岗位简历.doc"，就可以让我一眼识别出这是谁的简历、应聘的是什么岗位，进而更方便阅读和整理。这样我的心理感受就会好很多，更容易感受到这个应聘者的高智商和高情商。

如果一个人只能从内部视角看待问题，无法切换到他人和环境的视角，那么他对事物的认知一定是扭曲的，也就不可能对事物做出正确的描述，更难以做到正确的解释和预测。

我认识的很多创业者都存在一个问题，那就是夸大自己的市场发现或者产品。他们总是认为自己的产品与众不同，认为自己是发现痛点的能手。然而只要几个月的市场检验，他们就会被市场狠狠教育。当几百万元投资打水漂的时候，他们才会醒悟——其他人不是没有发现这些需求，而是他们的产品没能通过市场的检验而被市场淘汰了。

创业者因为自己有某种需求就认为大家都有这种需求，因为自己对需求很强烈，就认为别人也会如此强烈。这就是内部视角带来的错误认知。用这种被内部视角扭曲的认知看待问题，很可能要付出惨重的代价。

而且，内部视角还会造成诸多认知偏差，比如"知识的诅咒"。

"知识的诅咒"指的是，如果我们非常熟悉一个事物，那么我们就无法想象不了解这一事物的人对这一事物的想法。

有一位做 HR 的朋友跟我抱怨说，应届生面试都是套模板，然后简单改改，他特别想听听这些面试者说一些对自己工作领域的看法。我问了他一个问题"你当初面试是怎么做的？"他回答：在网上找一些问题模板，然后再结合一些自己的看法（简单改改）。

其实这位 HR 朋友就是陷入了"知识的诅咒"。随着他对工作的理解越来越深刻，他已经无法理解，那些还没有接触工作的应届生对一个陌生领域只能有较为稚嫩的想法。如果他没有陷入"知识的诅咒"，他就会想到，没有实践经验的人通常只能那么做。

大多数人思维中都存在"知识的诅咒"。比如，领导往往无法理解职场新人为什么会犯各种错误；家长往往无法理解孩子为什么学不会简单的知识；导师往往无法理解研究生写出来的文章为什么如此糟糕。

因为他们都忘记了自己初入一个领域时的样子，甚至认为自己当前的状态就是以前的状态，然后会自然而然地觉得别人跟自己是一样的。

在一项心理学研究中，研究者要求被试在桌面上敲击音乐节拍，然后要求其他人猜测歌曲名称。敲击的人认为对方猜中的概率是 50%，他们认为自己敲击的节奏很好，而且也是脍炙人口的歌曲，所以对方应该很容易猜中。而实际上，猜测的人猜中的概率只有 3%。[2]

内部视角让我们用一种自以为是的态度去看待世界和他人，导致我们对很多事物无法理解，产生很多错误的想法。这些错误想法，有的可能只是让我们失去机会，有的可能会导致严重的损失。

那么，我们要怎样才能避免内部视角带来的认知扭曲，提高自己对外界和他人的判断力呢？

从内部视角看待问题很难看得全面，因此我们需要将自己的思维切换到环境和他人的视角。而这种转变需要我们消除自身的思维惯性。

当我无法理解一个人的行为时，我会做一个假设：对方是聪明人。这个假设可以帮助我们理解很多无法理解的事情，看到很多无法被看到的角度。

无论对方做出的决定看上去有多蠢，我们都应该先假设对方是聪明人，这样我们就不会因为过快给对方贴上"愚蠢"的标签而放弃思考。即使最后我们发现对方并没有我们设想的那么聪明，我们也可以在这个过程中发现更多有意思的角度。

在《事实：用数据思考，避免情绪化决策》（*Factfulness*）一书中，作者汉斯·罗斯林（Hans Rosling）讲到了在突尼斯有很多盖了一半的房子，那些房子甚至无法实现基本的遮蔽功能。[3]很多人会觉得当地人非常慵懒，做事没有计划，才会把房子造成那样。

如果我们把他们看成聪明人会看到什么呢？突尼斯作为一个欠发展国家，交通条件和治安环境都比较差，人们想要建房子就需要存钱，而钱放到银行很不方便，放在家里又不安全，而且还要面临通货膨胀带来的货币贬值。

因此，他们选择将现金换成瓦片，并且盖到房子上。这样做既能避免被盗，又能减少货币贬值带来的损失，也不需要额外的空间储存这些瓦片。

这么一想，一个奇怪的现象就得到了合理的解释。如果我们认为这种行为愚不可及，并且认为这是对方在智力或者能力上的缺陷导致的，那么就无法看到事实的真相。

在三星杯世界围棋大师赛上，柯洁对阵申真谞，申真谞因为"手滑"

导致一个严重错误，最终输掉了比赛。而柯洁在面对对手如此明显的失误时，却依旧将对手当作聪明人看待，思考了很久才下棋。

柯洁正是用"对方是聪明人"的思维看待对方的行为，所以才需要比较久的思考时间。这样做的好处是无论对手是不是真的失误或者犯错，自己都不会有太大的损失，这样也可以降低被对方"套路"的可能性。

把别人都当作聪明人对待，还可以避免过分高估自己的决策。比如，我们想到某个创业方向，可以先思考"为什么别人都不这样做"。如果其他人都是聪明人，就应该看得到，因此，这个方向应该有我还没看到的问题需要我去解决。

这种思维方式并不是说市场上没有的产品我们就不可以做，而是应该在做这件事的时候更充分地论证可行性。比如，与赌马[①]相关的心理学研究发现，赌徒在决定下注一匹马之后，会对自己的选择更有信心，并且认为自己的选择就是最好的。

这就意味着赌徒陷入了内部视角，开始用自己单一的视角看待问题。他们考虑不到别的赌徒也认为自己选择的马是独一无二的。如果所有的马都是独一无二的，那么所有的马也都是一样的。赌徒的选择并没有特别之处。

因此，我们在做一个选择时，也应该思考其他聪明人的想法和选择为什么与我们不一样。在这个过程中，我们可以看到很多看不见的观点，了解很多不一样的视角。

---

① 请不要参与任何赌博行为，此处以赌马举例仅为批评赌徒心理。——编者注

自利思维

专栏作家戴夫·巴里（Dave Barry）曾说"无论人的差距有多大，但是有一点是相似的，那就是认为自己比普通人强"。这种自认为自己比别人更优秀的思维，就是自利偏差。

一项美国高考委员会对 829 000 名高年级学生领导力的调查发现，没有人在"与人相处能力"这一项给自己打低于平均值的分数，而且其中 60% 的学生对自己的评价是前 10%，另有 25% 的人则认为自己是最优秀的 1%。[4]

研究发现，在其他方面，如能力、道德、个人优点、智力等方面，人们也都出现了自利偏差，即认为自己比别人强。而且自利偏差还有另一种表现模式，就是认为问题出在别人身上。

社会心理学家罗伯特·麦考恩（Robert MacCoun）在研究中发现，在他记录的交通事故中，如果是一起两车相撞的事故，那么 91% 的司机都认为是对方的错。即使发生车祸的只有一辆车，也有 37% 的人会将责任推卸给环境。他们会解释说"电线杆突然跑到了车前""墙太亮，反光"，等等。[5]

这些思维其实都是一种自利偏差。本质上，**自利偏差是为了维护自己脆弱的自尊心，让自己看上去还不错，借此给自己更多的心理能量来面对这个复杂又令人感到挫败的世界。**

如果没有这种潜意识的自我偏心，那么我们很容易被各种社会比较压垮。我们总是会发现比我们更优秀和更成功的人，而通过自利偏差，我们可以解释别人的成功和优秀只不过是运气，以此让自己心理上保持较好的自我形象。

但是，自利偏差会导致一个严重的问题，那就是我们无法看到让别人获得成功的更关键的因素，以及自己失败的真正原因。这些都会成为我们做出正确思考的阻碍。

赌徒非常容易受到这种认知偏差的影响。当他们赌输时，他们会觉得是自己运气不好。但是一旦他们赢了，他们就会觉得自己比别人更胜一筹。这就导致了他们一直无法认清自己，持续参与赌博，最后很容易倾家荡产。

实际上，自利偏差还存在于我们生活中的很多方面。比如，有的公司一旦有人升职加薪，就会有一些流言蜚语开始流传，比如会说他是靠着各种关系才得到这个机会的，等等。但如果升职加薪的是自己，就觉得这是众望所归，是用实力说话的结果。

更可怕的是，自利偏差还会让我们觉得自己不存在自利偏差。我们会认为自己的评价很客观，我们的判断也没有偏袒自己。

在心理学者普罗文（Provine）的研究中发现，人们往往认为自己在做判断时比其他人更不容易受到偏见的影响，而且也认为自己比多数人更不容易产生自利偏差。[6]

实际上，偏见越多的人反而越难意识到自己的自利偏差。比如，一个存在地域偏见的人，会觉得自己的偏见非常合理，他们会寻找各种看似合理的理由来证明自己。一个经常瞧不起他人的孩子，会觉得这个世界本来就是弱肉强食，而看不到自己的偏见。

可见，**我们要发现和克服自身存在的自利偏差并不容易。因为潜意识的自我保护会让我们无法正视自利偏差，或者自认为没有自利偏差。**

当然，这并不代表自利偏差无法避免。我们可以试着跟自己打赌，以此减少自利偏差。

当我们信誓旦旦的时候，只要有人自信满满地问一句"要不，我们打个赌"或者"你确定吗"，大多数人就会开始思考自己的判断是否那么准确，也会再思考一下之前的思路是否存在问题。

比如，当我们说，"我楼下西餐厅的牛排是世界上最好吃的"，而朋友问一句"你确定吗"，或者"你这么说的话，要不，我们打个赌"。这时，我们就会开始思考自己的评价是否过于武断。

他人简单的反问，会让我们对之前100%确定的观点进行反思。因为在我们的观念中，他人的质问是一种挑战。如果想要应对这种挑战，我们就要做更充分的准备。

其实，我们试着与自己打赌，本身也是在对自己的思考进行论证。我们想象有一个人突然跳出来挑战我们的想法，而且他也非常自信，那么我们就会进行新的思考：到底是什么给了他勇气和自信，我是不是有疏漏而且被对方发现了？

这种与自己打赌的思维，本质上是一种自我质疑思维。尤其是我们非常笃信自己的选择、判断和预测时，更要用这种质疑思维，让自己回头看看是不是存在认知上的疏忽。

另一种避免自利偏差的方法是从他人的结果中看自己。

前些年很流行时空穿越题材的影视剧，讲一个人穿越到某个朝代，然后通过各种机缘巧合改变历史，自己也成了一个时代的风流人物。这也引起了很多人的穿越梦，并且幻想穿越到那个朝代的美好。

实际上，这类穿越剧本质上都存在着极大的自利偏差，而且越无知的人越会幻想回到古代有多美好。

我们可以从他人的结果看自己。无论回到以前的哪个朝代，95%以上的人都是贫农或雇农，都难以保证自己的温饱。换句话说，如果回到古代，你大概率可以确定自己会出生在一户贫困农民的家中忍受饥饿，而不是出生在一个大户人家衣食无忧，更不可能出生在皇宫之类的地方。

另外，你还要面对各种在当时无法被治疗的疾病。在古代，没有抗生素，没有速效药，也许一个小小的感染，就可能让你因为医疗条件落后而丧生。还有，从平均寿命看，你有50%的可能性在40岁之前丧生。

我们从大多数人的结果可以看到，如果我们回到古代，大概率要忍受饥饿和疾病。单单这两个问题就足以消耗我们大部分的时间和精力。

从别人的结果看自己，还可以让自己更清楚地意识到自己的水平。虽然我们经常强调不要与他人比较，然而社会比较却是认识自我的方式。我们可以通过考试判断自己对知识掌握的程度；通过比赛看到自己可以进步的空间。

如果没有社会比较，我们就会沉浸在自己的"优秀"之中。只有看到别人的实力和水平，我们才能清楚地意识到进步的空间。因此，适当的比较对一个人的认知思维有矫正作用，能够避免自利偏差带来的错误认知。

如果我们在比赛中成绩一直远低于平均值，那么我们就可以从别人的结果看到自己能够进步的空间，而不会再自认为自己的能力高于平均值。

毕竟，我们可以把一次失利归咎于运气不好，而一直失利则可以让我们认清自己。

我们在做选择和判断时，可以通过他人的结果，判断自己的预测是否更精准，以及能不能做改进。当我们做出一个选择的效果比正常水平低很多时，我们就应该想到，自己做的这一选择可能存在很大的自利偏差（当然，结果不好不一定是决策造成的。关于这点，我们后面会讲到如何区分运气和决策对结果的影响。在这里先不做具体的展开）。

总之，自利偏差是一种潜意识的偏心，保护我们的自尊，维护我们的形象。但是这种偏差会让我们看不清现实，以至于做出错误的选择和判断，进而影响我们的生活质量。

而想要避免自利偏差，我们需要学会跟自己打赌，让自己反驳自己非常自信的观点和想法，澄清思考过程。另外，我们还要学会用他人的结果看自己，这样可以让自己避免沉浸在自以为是的牢笼之中。

内群体偏差

如果把内部视角和自利偏差再扩大到群体，就会产生一种新的思维偏差，那就是内群体偏差。

想要弄清楚内群体偏差，我们需要先了解什么是内群体。**人们会从社会身份上划分不同的群体。我们将自己划入的群体，称为内群体。其他群体则为外群体。**[7]

当我们面对不同的群体时，我们的划分也会发生改变。当面对国家之间的问题时，我们会将自己划分为中国人；当面对不同地域的问题时，我们会觉得自己是某个省份的人；当面对不同性别的问题时，我们会自发地从性别的角度思考问题。

而内群体偏差指的是，我们对群体内的成员总会给予善意的理解，而对不属于自己所处的群体，往往会从负面的角度去理解。[7]

那么，人们为什么会产生内群体偏差呢？

因为，群体是我们生存的基础。人作为社会性动物，必须在互相帮助的基础上生存发展，才能让群体不断发展壮大。在演化的过程中，人们为了面对危险的环境，会自发地形成一个个群体。人们也会因为认同某个群体而成为其中一员。相反，一个脱离群体的人，大多会因为缺乏帮助而朝不保夕。随着时间推移和自然选择，我们的基因中保留下了认同和维护自身所处群体的遗传信息。

在不同的群体中，最可能为我们提供帮助的，就是内群体的成员。我们会根据自身的社会属性或者生理属性，将自己归类为不同的内群体，以便获得群体的庇护。

当我们内心认可自身所处的群体时，会自发地维护这一群体的形象，如果他人指出群体中存在的问题，很多人会急于反驳、急于维护。即使他人指出的这些问题客观存在，我们也会因为自己的身份认同而不愿承认。内群体偏差也是在这个过程中出现的。

我在网络上看到的很多"骂战"，就是由内群体偏差引起的。

内群体偏差会让人们产生"双重标准"。无论哪种竞技比赛，只要涉及两个团队或者两个人，他们的一些支持者就会不自觉地去抨击其他团队，诋毁其他团队的竞技水平，否认别人为此付出的努力。如果自己支持的团队输掉了比赛，他们就会开始抹黑对方，认为对方获胜存在黑幕。而其他团队的支持者也会不甘示弱、奋起反击，最后搞得乌烟瘴气。

然而，很多比赛结束后，台上的选手会互相鼓励、拥抱和祝福。而他们的支持者们却依旧在互相谩骂。

内群体偏差还会让我们无法看到其他群体的多样性。很多时候，我们是与内群体的成员接触，而更少接触外群体的人。因此，很多人会将外群体的人"脸谱化"，形成刻板印象。比如，有很多外国人认为中国人都很勤奋努力。实际上，处于内群体的我们则会认为这种说法并不客观，我们当中也有一些不努力的人。当然，我们也会因为这种内群体偏差，对其他群体产生一些刻板印象，而这并不利于我们理性思考。

更可怕的是，一旦我们把人分成不同的群体，就更容易夸大群体之间的差异，进而引起更多的争执。我曾见到几个网友因为"香蕉从哪头剥开才是正确的"而互相辱骂对方。他们因为一个微不足道的细节而划分出不同的群体，夸大两者之间的差异，最后还上升到人身攻击。

这样的现象还出现在其他很多领域，但本质上都是一样的。人们会因为认同某个群体而自发地维护内群体，即使问题就出在自己所处群体之中，也会因为内群体偏差而被蒙蔽双眼，以罔顾事实的态度参与一场不明所以的"骂战"。

那么，如何才能减少内群体偏差的影响呢？我们可以尝试进行"无群体思考"。当我们看到某些事件的时候，不要急于将自己归类到某个群体，而是用一种抽象化的视角去看待和理解事件。

很多新闻事件在报道时都会贴上地域、性别、年龄、职业或其他标签。这种报道方式可以给大家提供更多的细节，但是我们在获取这类信息时，不必因为这些标签而带入过多的联想，只需要以一种"某人做了某事"的态度去了解这件事情就可以了。

如果我们带入了很多对标签的联想，就会产生很多不必要的情绪，也会因此无法客观地看待这些报道和事情。比如，"某个人犯罪了"，那么我们不应该因为内群体偏差，认为"某个省份的人都是犯罪分子""某个性别的人都是犯罪分子""某个职业的人都是犯罪分子"。

如果我们以一种"无群体思考"的方式看待这些报道，结果应该是，"有个人犯罪了，夜间出行要小心""有个人犯罪了，要学会如何对待性格偏激的人""某个人犯罪了，要学会如何避免小事化大"。

"无群体思考"会让我们注重行为，而非标签。这种思考方式可以让我们找到解决问题的路径，而不是陷入情绪的陷阱之中。

我之前在网上建议"不要晚上去酒吧，那里人多且混杂，比较危险"。一些人急于代入性别内群体，认为这是不尊重个人的选择自由。而实际上，我只是基于安全考虑给出建议，但是依旧被追着骂了好几天。用"无群体思考"的结果应该是，酒吧是比较杂乱，去的时候最好叫上朋友或者离开时叫家人来接自己。这样才能减少不必要的麻烦，以及更好地解决问题。

回到"香蕉从哪头剥开才是正确的"这一问题。如果将自己代入某个群体之中，我们就会夸大自身的群体特性，而不愿意接受其他群体的新思想。这样并不利于我们思考问题。如果我们用"无群体思考"的方式评估对方的特性和思想，客观地了解两种不同方法的优劣，更有利于我们解决问题。

以剥香蕉的方法不同划分不同的群体，这种行为既可笑又真实。**人们总是会因为各种让人意想不到的理由，将自己划分到某个群体之中，最后不仅禁锢了自己的思想，还会变得越来越狭隘。**

当我们能将自己从各个群体中抽身出来，以一种"无群体"的角度去思考问题时，我们会发现不同的群体之间虽然有差异，但是并没有之前想的那么大。每个群体的内部也都是丰富多彩、参差不齐的。

当我们能以"无群体"的角度思考问题时，我们也可以将更多的精力用于解决问题，而不是陷入无谓的争执之中。

绝对化思维

在逻辑学上有一个"排中律"的概念。它指的是一个事物，要么存在，要么不存在，没有中间状态。[8]

这种思想是我们认识事物的基本方法之一。生活中几乎所有的事物都满足排中律，即要么存在，要么不存在。比如一本书，要么存在，要么不存在；一个人，要么存在，要么不存在；一个人考研，要么考上，要么没有考上……

即使是我们的大脑电信号传递也符合排中律，要么没有电信号，要么有电信号，不存在中间状态。

生活上的经验，以及人在生理上的一些特性，使我们在面对事物时，总是会以排中律的思维看待事物，即要么 0，要么 100%，没有中间状态。

然而，**排中律适合我们认识事物，但是并不适合我们认识事件。**事物指代有实体的客观存在，而事件不仅包含事物，还包括它们之间的相互关系。对于事物，确实具有二元对立的明确关系，要么存在，要么不存在。但是对于事件来说，它可以处于存在和不存在之间，即以中间状态的形式存在。

比如，学习某项技能，我可能基本掌握，但是还没有完全掌握。我们的学习成绩并不是 100 分，但也不是 0 分。我们既不是最富有的人，也不是最贫困的人，而是处于中间的状态。我不喜欢吃苹果，但是也并不排斥吃苹果，这种喜好也可以是一个中间状态。

然而，**大多数人并没有办法在这两种状态上调整，他们会不自觉地使用绝对化思维——要么 0，要么 100%，而这也使得我们对事物的认知产生了很多偏差。**

举个例子，当我们提到非洲，我们的第一感受是贫穷落后，然而非洲也有发展得不错的国家；当我们提到欧洲，我们会想到富裕，然而欧洲也有落后的地方。这种感受的产生其实是绝对化思维的结果。

很多人小时候看影视作品，经常会说"这个是好人，那个是坏人"。其实，这也是一种绝对化思维。我们是用不成熟的认知，为事物简单地贴上一个绝对化的标签。等到我们长大之后，回头翻看其中一些影视作品，我们会发现，好人并没有那么好，坏人也并没有那么坏。

随着心智的成熟，我们的绝对化思维会慢慢减少。但是，在很多情况下，我们依旧会不自觉地被绝对化思维操控。

在我的作品《暗理性：如何掌控情绪》上市后，许多读者跟我讨论他们的情绪问题。其中，很多情绪问题都是绝对化思维引起的。

比如，一个学生被老师当众批评了，从此他总是觉得别人在嘲笑自己，不愿上学；一个女孩因为自己的对象拒绝了自己的某个请求，就一直怀疑对方是否还喜欢自己，考虑要不要分手；一个人参加了某项比赛，最后却与冠军失之交臂，这让他觉得自己是个"废物"。

绝对化思维会让我们以一种"要么0，要么100%"的态度思考问题，一不小心就会陷入思维陷阱做出错误的判断，导致他们用不恰当的方式应对这些问题。

那么，我们要如何才能减少绝对化思维呢？我想，很多人大脑中跳出来的方法是，灰度思维。**很多人都知道灰度思维，但是对其内在的核心和具体的应用却不一定很熟悉**。接下来，我们就展开讲讲灰度思维的具体应用方法。

"要么0，要么100%"，这种绝对化思维与非黑即白的思维方式是一致的，都是指人们只能以两种极端的视角来看待问题。而"灰度"则是指在事物的黑与白之间，存在大量的黑白交接和逐渐变化的部分。我们不应该只关注事物的两个极端，还要看到事物两个极端中间的部分，这就是灰度思维。

那么，应该如何做到用灰度思维思考呢？我们可以用正态分布的函数模型，对事物或者现象进行思考。

在自然和社会中，很多现象和事物的状态都符合正态分布，即中间的部分占比最大，而两端的部分占比都比较小。所以正态分布也叫作常态分布。甚至数学领域还有一句名言："上帝偏爱钟形曲线。"

正态分布的视角可以帮我们更立体和全面地看待事物。举个例子，如果有人说"男性的平均智商是 105，女性的平均智商是 102，所以男性比女性更聪明"，这个观点其实就是基于非黑即白的绝对化思维得出的。

如果用绝对化思维看待这个问题，就会得到图 5-2 的结果，即男性和女性的平均智商呈现出显著的差异。但是如果用灰度思维看待这个问题，就会得到图 5-3 的结果，即男性和女性的平均智商的差异其实并不大，而且大多数人都是普通人，人与人之间并没有太大区别。

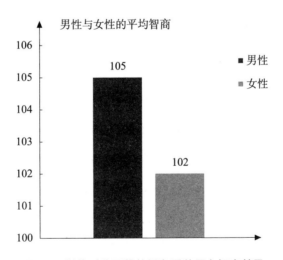

图 5-2 以绝对化思维的视角看待男女智商差异

男性与女性的智商分布

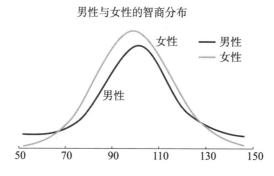

图 5-3　以灰度思维的视角看待男女智商差异

　　灰度思维还可以帮助我们打破很多带有偏见的观念。比如，"某个领域很赚钱"，用灰度思维思考可以发现，其实大多数从业者都是马马虎虎过日子……

　　当然，灰度思维不只有正态分布这种情况，还有许多其他情况。但是，我们可以试着理解灰度思维的内核，实现一通百通。

　　从数学的角度看，非黑即白的绝对化思维，更像是只看一组数据的极端值。而灰度思维则是在告诉大家，我们还可以看平均值，甚至还得看看方差之类的其他指标。如果只看极端值，我们根本无法了解这组数据的真实情况，也无法用这样的数据做出正确的判断。而只有结合多个指标，才能还原出事物真实的面貌。

　　灰度思维是一种数学分布的思想，这也是它的本质。**我们在看待事物和观点时，可以多想想以上提到的"数据指标"，如平均值、极端值、方差及分布情况等。只有结合多个指标看问题，才能减少偏见，提高认知能力。**

验证性偏差

2012 年出现了一个末日预言，且有些人对此深信不疑。

然而，当"末日"来临时，整个世界并没有任何破灭的迹象。也就是说，末日预言并没有实现。我们理所当然地认为，这些迷信的人应该会意识到这个预言多么荒谬可笑。然而事实上，他们认为是自己的诚意打动了上天，反而更加坚定地相信预言家的胡说八道，也更努力地劝说别人加入他们。

为什么会出现这一现象呢？这实际上是一种验证性偏差——我们倾向于收集证实我们观点的证据，而忽视推翻我们观点的证据。这种偏差会加大我们的偏见，也会让我们变得狭隘。

很多内容平台会根据用户的阅读偏好向他们推送内容相近的新闻。比如你喜欢化妆，那么平台会推荐给你更多与化妆相关的内容；你喜欢游戏，那就会看到更多与游戏相关的内容。而在观点上也是如此，如果你持有 A 观点，那么你就会看到更多 A 观点的新闻，而很难看到 B 观点的内容。

这种现象被科技作家埃利·帕里泽（Eli Pariser）称为"过滤气泡"[9]。与此同时，平台为了争夺更多的用户，会往极端方向推送，把夸赞的内容推送给支持者，把谩骂的消息推送给反对者。一些相近的内容不断重复，并以夸张和扭曲的方式传播开来，然后我们以为这就是全部事实，进而陷入偏见和狭隘之中。

也有的人在"过滤气泡"被戳破之后开始看到事物的另一面，这时就会出现各种"反转"。这种现象在现在变得越来越多，也越来越频繁。这是因为"过滤气泡"越来越多，强化我们片面看法的内容越来越多。

其实真相一直都在。只不过当我们看到的 100 条信息中有 99 条是验证我们观点的信息，那么我们就很难去相信那 1 条"小众"又不起眼的信息。

人们总是倾向于验证自己内心认可的观点，这也是产生验证性偏差的原因之一。

如果你哪天不舒服，只要搜索一下自己的症状，就可以看到符合的病情描述。然后往里一套，你就会怀疑自己患上了某种绝症。验证性解读就是在你本身的状态下去寻找支持自己观点的证据，而不是去寻找事实和真相。

我记得曾经看到一张某明星出席活动的图片，而那之前她因一个负面事件久久未在公众视野中出现。对于这同一张图片，一则报道解读她强颜欢笑，尽显疲态；而另一则报道解读她走出负面情绪，轻松自然。而两则报道下几千条评论基本都赞同自己所看到的观点。

人们从来就不关心真相，而只是关注自己想看到的，忽视自己不想看到的。这让人们在面对同样的信息或同样的证据时，总是得出截然相反的思考结果。

这就像一个富人与穷人产生了矛盾，在没有足够的信息时，有些人就已经把矛盾定性为富人仗势欺人，而有些人则解读为穷人卖惨牟利。然后双方便开始一场基于立场而非事实的争论。他们开始从事件中解读出支持自己立场的部分信息，剥离不支持的部分信息。即使最后证据和结果出来了,"败方"还会认为有黑幕。

验证性偏差会让我们变得狭隘,在"过滤气泡"之中,这种情况也越来越严重。那么我们该如何减少这种偏差对我们看清事物产生的影响呢?我们需要做到多面共体。

历史学家梅纳德·史密斯(Maynard Smith)曾经说:"一个胸襟开阔的人,他能看到事物的两面,并且准备持有相反的两套真理,同时承认无法调和它们;而一个狭隘的人,他只能看到事物的一面,并且准备按照他的理解来解释整个宇宙。"[10] 所以,同一事物可以有多种看待它的角度,并得出不同的结论。

很多人并没有意识到,某个事实的对立面不一定是谎言,也可以是另一个角度的事实。所以,他们固执地认为自己的观点就是对的,其他的情况则是错的。但是,很多观点、想法、信念和态度在特定情境下才是正确的,而在另一种情境下可能就是错误的。

实际上,对立的观点可以都是正确的。这在心理学中很常见。举个例子,心理学上有两个概念,一个是"登门槛效应",一个是"锚定效应"。"登门槛效应"指的是我们先提一个小要求,别人答应小要求之后,我们再提更大的要求,这时对方更容易答应这个大的要求;"锚定效应",是指我们先提一个大要求,对方觉得无法接受,然后我们再提一个小要求,这时对方会更容易答应这个小要求。

这两种相反的做法实际上都是一种请求别人的策略,都有相应的适用场景。我们允许自己拥有两种相反的策略,并明白其中的差异,可以让我们变得更聪明和开放。

辩论赛的价值也在于此，可以培养我们的多面共体思维。

当我们看到某个观点时，可能心中早有一个偏向。但是我们在听辩论的时候，更多是给自己一个机会，发现自己"认可的观点"有什么不足之处，以及了解"不认可的观点"有什么可取之处。我们不一定要被说服，但是我们不能因为固执而失去客观分析的能力，更不能因为闭塞失去学习新事物的机会。

我经常会在自己持有一个观点时向自己提问，看看站在另一个立场时会怎么反驳自己。比如自己对精神分析理论是持批判态度的，然后我就思考如果自己是精神分析的支持者，我会怎么反驳自己。虽然这种反驳并没有动摇我的想法，但是这个过程让我对精神分析的理解更加深刻，也知道它的有效成分是什么、为什么那么多人相信这个理论。

其实，很多人都明白，这个世界有很多黑白分明的事情，但是有更多的情况是"灰色的"。它既有白的部分，也有黑的部分；它既有对的部分，也有错的部分。但是，当验证性偏差出现时，人们"非黑即白"的思考方式就会被击败，变得极端而偏执。

总之，我们要容忍这种不确定和模糊性，尤其是在没有足够的信息时，更不要急着下定论。当自己产生一个观点时，我们可以试着站在另一个立场上反驳自己，而不是急着下定论，进而拒绝对立的信息。这个过程也是一个自我批判和反思的过程，相信大家会从中受益。

最后，我想用物理学家卡尔·波普尔（Karl Popper）的话作结：真理的对立面，可能是谬误，更可能是另一个真理。只有放下偏见，我们才能真正地看清事物的本质。

第六章

思维的捷径

如何避免思维速度对思维深度的影响

影视作品《流浪地球》中的人工智能 Moss 在临近结局时说道："让人类保持理智是一件很奢侈的事情。"

的确，很多时候人们并不是基于客观事实进行思考，而是倾向于走"思维捷径"。我们可能会借助表象的特征来思考；也可能受到印象深刻的想法影响；还可能被无法磨灭的"思想钢印"所支配。

认知学家大卫·鲁梅哈特通过研究指出，人类认识事物的方式是"特征识别"，我们只需要几个特征，就可以快速判断一个事物是什么。我们通常称这种识别方式为贝叶斯识别网络。

贝叶斯识别网络的核心思想是，"假设我们观察到某个事物的特征，则可以确定该事物是什么的概率"。[1]

举个例子，当我们听到狗叫声时，我们可以确定发出叫声的物体是一条狗吗？除了狗叫，我们又看到了物体具有狗的形状，我们能否确定它是一条狗呢？在这里，"狗叫声"和"狗的形状"都是狗的特征，可以作为我们判断是狗的证据。随着这些特征增多，我们判断事物的准确性就会升高。

而且大多数时候，为了降低判断的错误率，我们还会利用特征与特征之间的关联和相互作用，提高对事物的判定。

举个例子，当我说出拼音"tian"的时候，你的脑海里会出现一些与"tian"相关的字眼，如天、填、添、田……如果我给这个拼音一个声调，如一声"tiān"，你可以结合这个音调，排除前面想到的声调不符的字；如果我说出"tiān kōng"，你可以通过语音特征之间的相互印证，很快判断出这个词是"天空"。

科学家也正是运用贝叶斯识别网络，发明了人脸识别、无线电话、语音翻译、垃圾短信识别、天气预报，以及我们所知的打败围棋冠军柯洁的围棋机器人"阿尔法围棋"（Alpha Go）。它们都是利用了贝叶斯识别网络的思想，才能够在识别和判断上越来越快、越来越精准。

我们的大脑就是一套贝叶斯识别网络，帮助我们快速而准确地识别不同的事物。基于这套识别网络，我们的思维会走捷径！**人们并不是在掌握事物的全部信息后才做出推断，而是会优先识别事物的特征，进而根据少量的信息，做出更快、更准确的推测。**

我们称这些"思维捷径"为启发式。并将启发式分为代表性启发、可得性启发和锚定启发等类型。[2] 代表性启发是根据事物的表象做出思考，可得性启发是根据回忆事物的难易程度做出判断，而锚定启发指的是我们的思维惯性。

我们可以用下中国象棋来举例，以此加深我们对这三种启发式的理解。如果对方走出一步"送子"的棋，我们二话不说直接吃掉，这可能是代表性启发的结果——我们只考虑最近的、最具有代表性的结果。

走棋的招数受到我们的记忆线索的影响，我们无法想出自己忘掉的招数，只能用可以想到的招数。这种情况与可得性启发类似——根据对事物回忆的难易程度，将那些容易回忆起来的信息作为我们判断的依据。

我们走棋的招数又会受到过往经验的束缚，很多象棋大师都会有自己的开局走法，以及特定的下棋思路，而这些熟练的思路会导致他们较难应对新的套路。这种情况被称为锚定启发——人们在对某人某事做出判断时，会受到之前的经验和信息的影响。

启发式思维可以帮助人们应对生活中绝大多数的问题，凭借这种思维方式，我们可以快速地对事物做出反应。比如，网球选手可以自动地感知到网球的落点，并且迅速地将其击打出去；专家可以根据少量的信息，推测问题在哪里；我们可以在人群中一眼就认出自己认识的朋友。

大多数行为都是依靠启发式思维才得以快速完成的。不过，这种思维方式也有一些失效的情况，当我们使用"以特征推测整体"的认知策略时，可能会出现过度推测的情况。一旦涉及复杂的因果和相互关系，启发式思维更容易出现一些错误的判断。接下来，我们将对这三种偏差做具体的探讨。

代表性启发

代表性启发指的是，人们根据事物的信息与他们认为的典型信息或者时间的相近程度进行判断。[2] 代表性启发并不适用于认识复杂的事物。在认识被多个因素影响的事物时，代表性启发就会出现偏差。

举个例子，在很长一段时间里，人们认为鸟儿会飞是因为有翅膀，人不会飞是因为没有翅膀。甚至一些科学家也将翅膀作为人类实现飞翔的必要条件。然而，翅膀只是鸟儿会飞的一个代表性特征，它们能飞行，还与流线型身体、纤细的骨骼，以及其他的生理构造有关。但是人们只是根据个别表象得出一个错误的认知。

生活中也有很多类似的情况，比如，如果一个人长得很高，人们会觉得他打篮球一定很不错。我们把身高作为篮球运动员的代表性特征。同样，如果一个人长得比较矮，人们也会认为他不适合打篮球。

人们倾向于将一个事实的原因与相关事物最明显的特征联系起来。而这些感性的认知，大多数时候都是形而上的因果关系。

在心理学发展史上，曾经有一个学说，叫作颅相学。该学说有一个有趣的观点，认为头大的人往往更聪明。其实这个观点也是典型的代表性启发。他们将头颅大小与一个人的聪明程度关联起来，用表象的因素来解释深层的因果关系。这一学说风靡一时，当时竟然还有一些相关的研究"证实"了这一观点，真是令人难以置信。

代表性启发适合我们应对日常的生活问题，但是在应对科学问题和重大决策上，使用代表性启发很可能会让我们吃亏。

我们经常听到的"晕轮效应"，实际上也是代表性启发。晕轮效应指的是，人们在交往过程中，因受到对方某个突出的特点或品质的影响，而对对方的其他特点和品质的判断出现偏差。比如，以貌取人，通过外貌来评估对方的性格和内在品质；又或者通过对方的社会地位来评估其道德品质；甚至有一些"追星"的人会因为一个人的才艺，或者某部影视剧的角色，就认为对方完美无缺。这些都是以表象推测内在，以特征推测整体的情况。

我们在选择商品时，也会受代表性启发的影响。比如，人们会产生"贵就是好"的观念，会因为公众人物代言就相信某个品牌的产品质量。

此外，我们还可能会因为表面的效果而认可一款产品的功能。

许多面膜会强调产品的有效物质能被皮肤吸收，而人们在使用面膜后会有湿润的感受，误以为真的是皮肤吸收了有效成分。实际上，皮肤的角质层会让这些成分全都留存在表面，并不会真的被吸收。只不过，很多使用者误以为这种湿润感就是吸收有效成分的表现。

我在使用眼药水的时候也被这种代表性启发欺骗过。我一开始用的眼药水，滴入眼睛会有很强的清凉感，让我误以为眼睛的疲劳得到了缓解，但是，时间久了我的眼睛出现了干涩、疼痛和视觉模糊等问题。后来我通过学习才了解到，这款眼药水添加了防腐剂和其他刺激成分。后来我换了一款人工泪液的眼药水，眼睛的问题才慢慢好转。

使用一些止痛的药物也会让皮肤产生清凉感，让我们产生药物起作用的错觉。实际上，这也是利用了人们的代表性启发。

总之，代表性启发是我们认识事物最基本的方式。但是，随着事物的复杂程度增加，这种认知方式会导致越来越多的错误判断，因此，我们也需要通过一些方法来规避代表性启发的负面影响。

那么，我们可以通过什么方法减少代表性启发的负面影响呢？在这里，我们需要用到前面提到的多角度分析法，就像医生需要通过多个症状才能够诊断患者的疾病。我们也需要通过多个角度的信息，才能够判断一个人、一个产品或一个结论。

举个例子，我经常听到一些人抱怨公园里用石板铺的路，一步跨一块石板步子太小，跨两块石板又步子太大，走起来非常不舒服。他们认为这样的设计很不合理。然而几乎全国各地的石板路都是这样的，是所有的设计师都不懂设计吗？

对此，我们就要思考其合理性的维度。为什么要这样设计，谁适合走这样的路？仔细分析我们会发现，成年人感到走起来不舒服的石板距离，对小孩和老人来说大小合适。

这样一来，我们就找到这件事情的合理性了。这也让人们意识到，除了舒适性的维度，还有安全性的维度。

只要我们愿意去分析，任何一个整体都可以被拆分成多个不同层面的组成，而这些组成的内在机制并不能用表象来解释。因此，我们在了解复杂事物的时候，更需要意识到这一点，避免用事物的表象特征来推测事物的整体性质。

人的思维惯性就是如此，一旦找到了一个自认为正确的答案，就会停止继续探索的步伐。因此，我们需要绕开代表性启发给出的答案，才能够更深入地去挖掘事物的内在机制。

可得性启发

可得性启发是我们根据对事物回忆的难易程度，将那些容易回忆起来的信息作为我们选择和判断的参考依据。

广告在我们日常生活中随处可见。几乎每一家公司都在想尽办法让我们知道其品牌和产品，目的就是为了让我们在购买某类产品时，能够在大脑中想到这个品牌，不自觉地走到放有这一品牌商品的货架旁，然后把商品放进购物车中。

因为可得性启发的影响，铺天盖地的广告可以显著地影响我们的选择和判断。也正是可得性启发，孕育出有数万亿市场的广告营销行业。相反，如果没有广告和营销，一个产品或者一个娱乐明星，可能很快就会被忘得一干二净。

可得性启发还会影响人们对一件事情发生的可能性的评估。在我们做出推断的过程中，那些容易被记忆提取的信息，会被我们赋予更大的权重，导致我们对事物做出错误的评估。[2]

很多人经常在媒体上看到各种飞机失事的消息，认为坐飞机一点都不安全。但实际上飞机是世界上最安全的交通工具。我们之所以产生这种错觉，主要还是因为可得性启发。飞机一旦失事，通常会造成较严重的伤亡，因此飞机失事不仅会上新闻，而且还会是头条新闻。当我们思考这个问题时，就会自然地回忆起这些失事新闻，进而产生错误认知。

在思考和选择的时候，越是能够被轻易想起的信息越会影响我们，即使这些信息并不客观。而且，这些信息越生动，时间上越靠近，对我们造成的影响也会越大。

小时候我看过一部电影，里面涉及电梯失事的情节。看完之后，我好几个星期都宁愿选择走楼梯，也不愿意坐电梯。因为那种记忆过于鲜明，我每次想坐电梯时，电影的情节就会浮现在脑海中，让我产生恐惧。因此，我锻炼了好几个星期，每天都会爬两次9层楼的楼梯，身体也越来越好。

越来越多的企业设有危机公关部门，专门负责澄清和解释负面新闻。因为企业一旦涉及负面新闻，顾客会在很长一段时间内想到这些负面新闻而影响购买选择。即使这些企业快速整改了，人们还是会犹豫不决。

也正是因为可得性启发，比起文字和数据，我们更容易受到具有画面感的信息影响。

心理学家做过这么一个实验。[3] 他们召集了两组病人作为被试，告诉他们某种新型的癌症诊疗手段。他们告诉第一组人：这种治疗手段的治愈率为90%，并且说了一个负面的传闻逸事（比如老王用了这种方法后死了）。然后他们告诉第二组人：这种治疗手段的治愈率为30%，并且说了一个正面的传闻逸事（比如老王用了这种方法后病好了）。

结果发现：被告诉"治愈率为90%"的那一组，有39%的人表示会尝试这种方法；被告诉"治愈率只有30%"的那一组，却有多达78%的人愿意尝试这种方法。也就是说，人们更加容易受到"传闻逸事"的影响，而不是"数据"的影响。

很多广告也是用这种方式来说服我们的。比如彩票，他们的宣传策略就是告诉大家"隔壁老王中了500万"，这可就生动多了，进而达到了营销的目的。

除此之外，很多广告词也是通过这种方式来影响我们的。它不是简单地告诉我们"很多人在用我们的产品"，而是告诉我们"连起来可绕地球三圈"；它不是告诉我们"我们的牛奶纯天然"，而是说"奶牛在大草原上每天晒超过10个小时的太阳"。

当自己在网上比较了好几十项，得出了某品牌的手机更好用的结论时，你的朋友告诉你"我就在用这个品牌的手机，最近一段时间修理了好几次"，这个时候，我们最容易受到可得性启发的干扰。

那么，我们在思考的时候，要如何减少可得性启发的干扰呢？关键是不要以传闻逸事作为自己思考的参考标准。

以挑选商品为例。很多品牌在营销时，都会通过一些"成功案例"来告诉你，他们的产品多么有效、多么神奇。如果我们因为这些案例而购买一款产品，就非常容易受到欺骗。因为这些"成功案例"本来就是经过精挑细选的。

绝大多数产品都会有"成功案例"，只不过比例有高低，效果有好坏。我们不仅要关注"成功案例"，还要关注成功率，以及客观的参数和指标。比如，如果我们懂得维生素片的成分指标，就不容易被忽悠购买几百块的保健品；如果我们了解护肤品的有效成分，无论这些护肤品有多少噱头，我们都能意识到万变不离其宗。

在一些信息的判断上，我们也要多参考统计的数据比例，而不是将传闻逸事作为自己的主要参考标准。**当他人用"个例"作为自己观点的论据时，我们就要警惕起来，思考其中可能存在的可得性启发的影响。**

在很多文章中，经常会看到用"我的一个朋友"的故事，来展开说明一些观点。其实这就是利用传闻逸事作为观点的论据。比如，"我的一个朋友用了某种方法，实现了收入的增长"，那么，我们完全可以有另一个朋友，用了这种方法后一贫如洗。

我们在做选择和判断时，使用传闻逸事作为参考指标，会受到可得性启发的影响，往往无法看到客观的情况。而客观的数据可以让我们看到更全面的信息，从而更可信地评估一条信息的真实性、一个策略的可行性等。

锚定启发

锚定启发指的是，人们在对某人某事做出判断时，会受到之前的经验和信息影响，这些经验和信息就像沉入海底的锚一样，把人们的思想固定在一个范围之内。[2]

我们经常会在商场的海报上看到商品的原价被划掉，然后标一个折扣价，比如原价 99 元，现价 49 元。在这个商业行为中，原价就是一个锚，作为我们认识这个产品价值的初始印象，通过对比，现价就能给我们一种打折的心理感受，进而提高购买欲望。这也得到了诸多心理学研究的证实。

锚定启发在生活中随处可见。无论是商业促销、协商谈判、金融证券，还是其他生活性的问题，都存在锚定启发的影响。

心理学家戴维·邓宁（David Dunning）等人研究发现，**人们的思维会被以往的经验束缚，进而做出直觉性的推测**。[4] 他们在实验中告诉被试，有两个人发生了争执。如果告诉被试这两个人的身份是伐木工人，被试会认为两人的争吵一定很激烈，而且还伴随互殴的情节。但是，如果告诉被试这两个人的身份是婚姻顾问，被试则认为他们只是发生了口角。

因为过往的经验和知识，我们会自然而然地认为，婚姻顾问相对于伐木工人举止更文明，更能控制自己的情绪。这其实就是一种思维的锚定启发，即在没有充分的论证下，我们凭借过去的经验，得到了一个符合自身想法的结论。

很多人都熟知的"首因效应"，其实也是一种锚定启发。首因效应指的是人们会根据第一次接触的印象，来认识交往的对象。如果对方给我们留下了良好印象，那么这个好印象就像一个锚。当对方做出了一些有悖"良好印象"的事情时，我们会认为那是偶然的，不是对方的内在品质造成的。

相反地，如果交往的对象在初次见面时给我们留下了一个负面的印象，那么即使对方做了好人好事，我们也会认为那只不过是他的"面子工程"。

锚定启发更像是一种先入为主的偏见。人们一旦产生了偏见，就会自然而然地忽视与这一偏见相反的信息，最终陷入一种自以为是的自信之中。人们并不是在寻找真相，而是在寻找让自己满意的答案，他们只想看到自己想看到的结果。

那么，人们为什么会产生锚定启发呢？

其实，锚定启发的形成是一种正常的认知加工过程。当我们在加工外界的信息时，过往的经验会让我们形成一个对事物的态度和想法，这些想法有助于我们快速对外界做出反应，节省心理资源和反应时间。

我们之所以能够快速地学习各种知识，是因为过去的经验和知识的积累，让我们形成了一个认识世界的基础。我们不用一次又一次触碰烧开的水，也知道触碰它会导致受伤；我们不用反复学习"猫是什么，狗是什么"，也可以一眼就认出它们；我们不用一次又一次被惩罚，也知道什么事情不能做……这些都是过往经验的价值所在。

但是，我们也必须意识到，速度是思维的敌人。正如心理学家查尔斯·斯坦格（Charles Stangor）所言：**"过于自动化的思维结果，会降低一定的准确性。"**[5]尤其是在这个快速变化的时代，我们习以为常的经验，可能已经不再适用。

有些年纪较大的人经常会吃隔夜菜，还特别喜欢囤积各种用不上的东西。其实，他们就是思维上出现了锚定启发，无法从以前那个物质匮乏的时代走出来，依旧会用那个时代的经验来面对日新月异的世界。

有的人在学习《赠汪伦》这首诗的时候，总是把最后一句诗"不及汪伦送我情"念成"不及汪伦赠我情"。为什么呢？因为其思维被标题"赠汪伦"锚定了，下意识地认为最后一句也应该是"赠"。

类似地，还有电影《那些年，我们一起追的女孩》，很多人以为电影的名字是"那些年，我们一起追过的女孩"。因为"那些年"给我们的记忆线索是过去式，因此，我们不自觉地认为这件事情应该也是过去的，并在标题中加上了"过"字。

生活中，因为锚定启发而产生的错误观念也随处可见。比如"程序员都很木讷""文科生缺乏逻辑、理科生缺乏人文情感"……这些锚定启发，会影响我们对信息的加工和对事物的评估。

那么，我们该如何减少锚定启发的影响呢？**最简单有效的方法是训练自己的条件思维。**

"真理具有绝对性，也具有相对性"。这里的绝对性是指真理能够反映客观事实，能够解释事物的存在；而相对性是指，真理具有约束性，它只在某些情况下才能够成立。

人们常说"三个臭皮匠，顶个诸葛亮"，但是又说"三个和尚没水喝"；人们说"船到桥头自然直"，但是又说"我命由我不由天"。这些观念都具有相对性。它们都可以解释一些生活现象，但实际上，这些观点想要成立都需要特定的条件。一旦条件改变了，那么这个观点很可能就不成立了。

很多观念都是特定时代、特定环境，甚至特定个体的产物。我之前参加过一个企业家的分享会，有一个研究社会科学的教授分享了六度空间理论，这个理论指的是两个陌生人最多需要 6 个中间人就可以产生连接。并且，他还以自己作为例子。

"六度空间理论"的研究是心理学家斯坦利·米尔格兰姆（Stanley Milgram）等人在 20 世纪 60 年代开展的。[6] 他们请求来自几座城市的共 296 人，每个人寄出一个包裹，通过寄给自己认识的人，层层转寄，最终转寄到某个金融分析师手中。最终有 64 个包裹被送到了那个金融分析师手中。通过计算，他们发现这些包裹抵达前平均转寄了约 6 次，由此提出了"六度空间理论"。

然而，六度空间理论已经不再适用于当下的环境。通过对电子邮件以及当前各种社交媒体的研究发现，人们很可能只需要一些搜索的技巧，就可以在只经过 2 ~ 4 个中间人的情况下，联系到特定的个体。[7]

因此，**当我们被某些观念锚定的时候，一定要思考这个观念出现的条件。一旦我们找到了这个条件，就可以减少错误的判断。**总而言之，过去的经验只能作为一种参照，想要做出正确的判断还必须结合具体的环境。

专业偏差

人们对事物的认知和判断，依赖的是贝叶斯识别系统。因此，我们的经验、知识、观念、文化都会成为我们认知和判断的参考。如果一个人长期处于特定的环境或者知识背景之中，很容易出现认知上的偏差。

我们用望远镜看事物，可以看得更远，看得更清晰。但是，我们也会因为专注于某一事物而变得更加片面、更加缺乏整体性。

每一个人的专业，其实都像是一个望远镜，这个望远镜可以帮助我们看清事物，但同时也可能会束缚我们的思维，导致我们在分析事物时受到专业偏差的影响。

我看过一本论述糖尿病的书，是一个治疗糖尿病临床经验丰富的老医生所写。他在书里有一个观点，"所有的疾病都是因为不合理的饮食引起的"，这就是典型的专业偏差。因为还有很多疾病是由病毒感染、恶劣的环境等引起的。但是这个医生接触的病例更多是由不合理饮食引起的，所以他就得出了有偏差的结论。

还有一些学法律的同学会开玩笑："法律学多了会'丧失人性'"，因为法律是无情的，没有情面可讲。也有人说"学经济学太多了，觉得什么都是交易"，在他们眼中，人是理性的，感情也不过是一种可以交换的价值。

其实，这些调侃本质上都说明，完全以自身专业的视角看待事物，很容易扭曲真实的情况。因为事物之间存在着复杂的联系，而以专业视角看问题，会不自觉地将这些联系切割开来，这样并不利于我们解决问题。

毫无疑问，专业知识可以帮助我们认识某些特定领域的事物，这比非专业人士更能应对领域内的问题和麻烦。但是，当我们因为过度投入自身所在的领域而缺乏其他领域的知识时，也会导致我们对世界的认知出现非常大的偏差，这并不利于我们应对复杂的世界。

举个例子，我之前与一个音乐学院的教授交流。她说道，国内音乐学院的学生普遍缺乏音乐创作能力。虽然很多学生掌握了扎实的专业知识，声乐条件也很好，但是他们的创作水平还是不够。因为创作需要的是对这个社会的热爱，需要文化的熏陶，需要人文的滋养，而大多数音乐生的文化素养都不足以支撑他们创作出具有生命力的作品。

如果人们只用自身的专业视角去解决问题，还可能出现"按下葫芦浮起瓢"的情况。比如，环保事业。如果只从环境保护的角度看待问题，那么人类几乎所有的行为可能都应该被制止。这显然是不可能的。我们必须结合经济因素、社会因素，以及技术层面的问题，才能制定出更好的环境保护策略。否则，环境问题解决了，人们又会面临新的问题。

可见，**我们想要应对这个复杂的世界，除了专业的视角，还需要看到事物之间的联系，以及不同领域之间的互相影响。**那么，怎样才能达到这样的平衡呢？

最可行的方法是学习多个领域的通识知识。找一份较为基础的书单，然后按图索骥，慢慢地学习各个学科的基础知识，这样就可以拓宽我们的思维边界。我们可以学习历史、政治、经济、管理、心理、生物、化学、物理、计算机、建筑等各个领域的基本常识，保证自己看待问题的多元性，避免以过于单一的视角看待问题。

每个人都生活在有偏差的世界里。这是我这几年来最大的感受。我意识到，很多人（包括我自己）都有自身的认知局限。

总之，只有跳出自己的专业思维倾向，才能提高看待问题的高度，也才能看到更多层面的问题。

避免狭隘的策略

人在某个领域的经验越来越多，就会变得越来越狭隘。这也是贝叶斯识别网络的另一个弊端。

随着我们的成长，经过时间的筛选，能够被我们的大脑保留下来的信息基本上都会有大量的相互印证的其他信息作为支撑，神经元之间也能够互相回应。当我们要修改某条信息时，需要更正大量相关内容。这就导致了随着时间的推移，我们会变得越来越固执，越来越难以接受新鲜事物。

在《困惑的三文鱼：在银河系的最后一次搭车》（*The Salmon Doubt: Hitchhiking the Galaxy On Last Time*）一书中，道格拉斯·亚当斯（Douglas Adams）总结了科技三定律[8]：

"任何在我出生时已经有的科技都是稀松平常的世界本来秩序的一部分。"

"任何在我15～35岁诞生的科技都是将改变世界的革命性产物。"

"任何在我 35 岁之后诞生的科技都是违反自然规律将遭天谴的。"

其实，这个想法也存在社会和文化领域，可以这么说："任何在我出生时已经有的文化都非常老土且不值一提，任何在我 15 ~ 35 岁诞生的文化都是无法复制的经典，任何在我 35 岁之后诞生的文化都极为愚蠢和肤浅。"

其实"文化三定律"能解释非常多的生活现象。

比如，在工作观念和价值取向上，老一辈的人觉得"90 后"吃不了苦，也不服从管教，而我们觉得老一辈的人观念落后，不懂我们的价值所在。另外，我们又觉得"00 后"在心理上极为脆弱，动不动就因为一点小事做出极端行为。

其实，之所以会产生"文化三定律"，是因为人会在成长的过程中变得越来越狭隘，越来越无法接受新鲜事物。

丹尼斯（Denise）在研究中发现，人们在 25 岁左右之后，就会产生多种认知能力的衰退，工作记忆、短时记忆、长时记忆和反应速度，都出现趋势性的下降。[9]

也就是说，我们对新事物的学习能力会变得越来越差，因此，我们很容易因为理解不了新事物而产生偏见。

另外，我们的语义知识（verbal knowledge）会随着年龄增加而增强（见图6-1）。语义知识是一种对知识的事实和概念的掌握，比如"椅子是用来坐的""书是用来看的"。

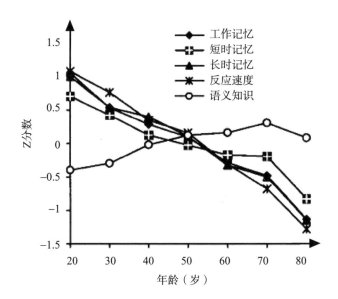

图 6-1　工作记忆、短时记忆、长时记忆、反应速度和
语义知识随着年龄的变化趋势

这种能力增强也会导致我们越来越固执。因为过去的这些经验很容易变成我们理解新事物的障碍。比如，很多小孩子在学习比较 1/4 和 1/3 的大小时，很容易因为"4 比 3 大"的经验，得出"1/4>1/3"的结论。

我们每个人衰老是必然的，变得保守也是如此。而如果想要跟上这个快速变化的时代，我们就必须学着接纳新事物、新思想。那么，怎样才能打开自己的格局，避免变得越来越狭隘呢？

1. 增长见识

越狭隘的人，往往见识越浅薄。他们总是把自己的判断奉为人生圭臬。他们认为自己没见过的事物就是不存在的，自己不相信的事情就是不可能的，自己没做过的事情就是不能做的。

比如，一些涉世未深的人喜欢"追星"，把一切美好的事物都与自己喜欢的偶像明星挂钩，即使网络上出现很多关于该明星的负面言论而且有充足的证据，他们也会认为这些都是谣言。单一的价值观让他们觉得自己的偶像世界第一；自身的局限性让他们看不见偶像的任何缺点；见识的不足让他们无法接受其他人客观的评价。

通过增长见识的方式，我们可以看到更宽广的世界，不容易陷入狭隘思维之中。

比如，我们常说"天下乌鸦一般黑"，直到后来，我在动物标本馆看到了"非洲白颈鸦""日本白乌鸦"和"斗篷白嘴鸦"。通过这些"见识"，我一下子就打破了之前的观念。

很多人形成的观念和想法，都是环境带来的。环境越简单，一个人形成的价值观就越单一。待在一个环境中越久，他形成的价值观就越根深蒂固。

而增长见识，可以让我们打破这种单一的环境，打开自己的视野，从而避免在单一环境中变得越来越保守和固执。

比如，之前我看过一则新闻，讲的是一个"网络喷子"①挑衅一个拳击手，认为那个拳击手的招数华而不实，自己三两下就可以打倒对方，最后这个"喷子"还约拳击手比试。结果可想而知，这个"喷子"比试了6秒就被打晕在地，缓了很久才站起来。

这个"喷子"因为自己的无知惨遭"毒打"。这顿"毒打"也是他打

---

① 网络喷子是指喜欢在网络上胡乱指责他人的人。——编者注

开见识的方式，不过成本比较高。而低成本的方式可以是读书、学习、多听听其他人的建议和想法。

总之，大多数狭隘的人都是由单一的环境造就的，他们往往固执而真实，但是无法应对复杂多变的环境。只有走出去才能看到更大的世界。

2. 观念置换

观念置换其实是在思考某类观念是否依旧成立时，把观念的主体置换成其他群体。这种简单的置换，就可以让有些观点不攻自破。这也是一种避免让自己陷入狭隘的方式。

我们生活中有各种各样的偏见和误会，比如一些地域偏见。通过观念置换，我们可以思考自己所处的地域有什么在其他人眼中的刻板印象，也可以想到这些偏见都不是事实。

总之，观念置换可以打开思想上的封闭，让我们更容易感知真实的世界。

一个人之所以会狭隘，可能是环境的封闭，也可能是思想的封闭，而只有不断提高自己的认知，打开视野，才能够对抗这种故步自封。

第七章

信息的诡计

在注意力稀缺的时代，如何避免被欺骗

我们经常需要与他人、环境交换信息。但是外界给我们的信息并不一定是真实的。这些信息可能被有意地修改过，也可能因为个人的认知偏差而发生扭曲。因此，我们还需要学会识别他人给我们传递的信息存在的问题，这样才可以提高决策的质量。

信息的真实性

别人给我们的信息可能存在哪些问题呢？第一是真实性。毫无疑问，如果对方给我们的信息是错误的，而我们利用了这个错误的信息，就很可能会做出错误的判断。

《后真相时代：当真相被利用、操纵，我们该如何看、如何听、如何思考》（*Truth: How the Many Sides to Every Story Shape our Reality*）一书中提到了 4 种不同类型的局部真相。[1]

1. 片面真相

片面真相指的是告诉了我们真相，但没有告诉我们全部的真相。比如，孩子告诉我们他被人欺负了，但是没有告诉我们是他先欺负了别人；

销售员告诉我们产品的种种好处，但没有告诉我们产品可能存在的使用问题和质量问题。

2. 主观真相

主观真相指的是我们的主观构建影响了我们对客观事实的认知。比如，我们的很多观念、信念、规范是由主观真相构成的。我们凭借主观感受来判断什么是符合客观的、什么是正确的、什么是错误的。

3. 人造真相

人造真相指的是人们利用新的术语或定义创造出来的真相。最常见的就是"炒概念"。比如，一个项目赚不了钱，为了忽悠人，他们就会对外声称"这是一个延迟满足的项目"。在商业课程中，微信好友不叫好友，叫"私域流量"，搞营销不叫搞营销，叫"增长黑客"……

4. 未知真相

未知真相指的是对未来的不同预测会导致我们看到不同的真相。比如，相信某只股票会上涨的人，会找很多信息作为这一预测的证据，而忽略其他信息。

针对以上不同类型的局部真相，我们可以用以下这些策略去判断和思考。

1. 绝不轻信一家之言

我相信很多人跟我一样，对网络上的一些"受害者"声泪俱下的文字深信不疑，出于关切和愤怒为他发声。最终我们才发现很多"受害者"隐瞒了很多关键的信息，甚至很多细节都是凭空捏造的。而我们的"善良"可能已经伤害了其他无辜的人。

因此，当一个热点事件只有一家之言时，我们可以先将其归类为"片面真相"或者"主观真相"，同时要克制自己的情绪，不要因为情绪"上头"，成为网络暴力的帮凶。

越是与我们相关的事件，我们越容易轻信一家之言。比如，有孩子的父母更容易相信孩子受害的一家之言，女性更容易相信女性受害的一家之言，正义感强的人更容易相信别人被压迫的一家之言。

但是，一家之言往往是主观的、片面的，甚至是虚假的。我们过早地下论断只会让自己失去理智，成为乌合之众。

我们一定要记住，真相不会被舆论改变，但是会被舆论掩盖。以后看到一家之言的热点事件，我们可以多"让子弹飞一会儿"。至少，我们不会成为掩盖真相的"臭泥"。

2. 找到既得利益者

天下熙熙，皆为利来；天下攘攘，皆为利往。局部真相的背后，往往隐藏着某一方的利益。

说一个常见的现象，很多媒体会接商务推广广告业务。比如，一个汽车的科普媒体会为不同品牌的汽车发布推广广告；一个商业博主会推广一些金融产品；一个电子产品测评博主会发布各种电子产品的广告。

而"吃人家的嘴软，拿人家的手短"。个别没有原则的博主可能会收了钱之后再去做品牌的测评，一些糟糕的博主会只说产品的优点而不说缺点，而好一点的博主会讲产品优点也会讲缺点，不过他们会适当地弱化不利的部分。结果就是，可信度大打折扣。

当我们看一篇文章时，可以多思考是否有利益相关方。从利益相关的角度思考问题，我们还会保持一份合理的怀疑，不容易被"带偏"。一般找到了利益相关方，往往就可以弄清一件事情的根源，并判断内容的真伪。

3. 换个立场做自我辩驳

未知真相会导致我们容易钻牛角尖、认死理，影响我们对客观世界的认知。

在心理学领域，有一种现象被称为"验证性偏差"，即我们倾向于收集证实我们观点的证据，而忽视对立观点的证据。即使有明显的对立证据，我们依旧会强行将其解读为"小概率事件"。

同时，网络平台算法会根据我们的阅读偏好，给我们推荐相似的内容，为我们营造"过滤气泡"。当我们深信一个观点时，我们只能看到证实这一观点的内容。最后就是，我们会变得越来越狭隘和偏执。

因此，当我们对某件事深信不疑时，一定要试着站在自己对立的立场上，思考如何反驳自己原来的观点。这样可以让自己看到其他的可能性。

比如，我们觉得某个人很愚蠢，我们就可以反过来思考，为什么那么多人对他深信不疑，他聪明的地方在哪里，他做对了什么。我们很可能在这个过程中改变自己的认知，原来一个看似愚蠢的人实则步步为营。

总之，每个人看到的世界都是有偏差的，只不过是程度不同。我们能做的就是尽量不以善良之名行恶，以及努力看到被他人故意隐藏的真相！

信息的好坏

以上讨论了信息的真假问题和识别信息真假的一些策略。而生活中，我们接收的很多信息除了真假问题，还有更常见的问题，那就是优劣问题。

如果我们长期吃不健康的食物，身体就会出现各种各样的健康问题。同样地，如果我们接收的信息是劣质信息，那么我们的价值观就会受到侵蚀，推理能力、判断能力、表达能力和解决问题的能力都会受到削弱。

因此，我们必须学会识别信息的优劣，这样才能让我们拥有更强的思维能力。那么，我们该如何判断信息的优劣呢？我们可以从以下几个标准入手：**完整性、清晰性、准确性、相关性、公正性和条件性**。这些标准最开始的提出者是奥斯汀·希尔（Austin Hill），用以检验科学研究是否拥有充分的说服力。[2] 而在这里，我们做了一些改动，用来检验信息的质量。

这些信息的指标就像产品的质量检查标准一样，可以帮助我们快速地判断信息的优劣程度。

信息的完整性非常重要，我在前面讲到了，信息不够全面很容易就变成虚假信息。当我们想要实现某个目标，必须用到某些信息时，这些信息的重要性就不言而喻了。如果我们缺少某些关键信息就贸然决策，很可能会导致严重的错误。

比如，相亲的人如果在不够了解对方的情况下就贸然结婚，很可能会导致婚后的不愉快；考研的学生理不清考研的流程，很可能就会出现疏漏，在报考时出现问题；法官在判决时必须充分了解案件的所有信息，如果判决时遗漏了某些关键信息，很可能会造成冤假错案；一个企业家如果无法弄清楚公司的发展问题，很可能就会误入歧途……

从这几个简单的例子可以看出，关键信息对我们做出判断的影响。当我们确定一个目标之后，我们需要做的就是寻找关键信息，这样才可以减少误判。

高质量信息的第二个标准是清晰性。越清晰的信息对我们做出判断越有价值。

在前文中，我提到了定性预测和定量预测。定性预测是在对事物不够了解的情况下做出的一种模糊的判断和想法；而定量预测是基于足够的了解才能够得出的判断。同样地，越清晰、越具体的信息，能够给我们带来的价值也越大。

比如，别人告诉我们"小吴人很好，可以相处"，我们无法得知好在哪里。因此，我们需要对方提供更加清晰和具体的信息。我们可以接着问"好在哪里"？对方跟我们说，小吴很孝顺、相貌长得不错、性格也温和。那么，这些信息比起"小吴人很好，可以相处"，更具有参考价值。

如果我们想要进一步了解，就可以再继续追问"他孝顺的表现有哪些""相貌长得不错，有照片吗""性格温和是戴眼镜看着斯文吗"。通过这些问题，我们可以获得更加具体和清晰的信息，这样我们做判断和选择也会更有把握。

高质量信息的第三个标准是准确性。人们在阐述事物的时候，总会因为自身的立场、知识的局限和思维的角度，无法准确描述事物。因此，大多数信息都会带有偏差。更可怕的是，我们可能会对这种偏差毫无知觉。

因此，对于一些较为重要的信息，我们需要"再确认"。我们可以通过多个渠道、多个群体、多种方式去求证。通过互相印证的方式，提高信息的准确性，避免主观性引起的信息残缺或者冗杂。

判断信息优劣的第四个标准是相关性。很多推断类的信息，经常会出现相关性的问题。比如，将无关的事情解释为相关，牵强附会。

比如，一个学生高考前做了一个梦，梦见自己穿着蓑衣、戴着斗笠、打着雨伞站在一片无边无际的草地上。于是他去找人解梦。解梦的人说："穿蓑衣戴斗笠，还打着伞，这是多此一举；站在无边无际的草地上，说明望不到头。"这位解梦的人建议学生放宽心，好好考，明年可能还要再考一次。

而另一个人解梦则说："穿蓑衣戴斗笠，还打着伞，这是万无一湿（失）；站在无边无际的草地上，说明独树一帜。"这位解梦人建议学生努力考，今年必定考得高分。

这些解释都是对无关的信息强行添加关联和因果的表现。大家可能会想这些解读怎么可能会有人相信呢？然而，这些伪科学的事物，经常会穿上不同的外衣，比如，星座、算命、谣言都开始利用大数据分析，开始编造人们更容易相信的说法。

判断信息优劣的第五个标准是公正性。信息一旦缺乏公正性，就会出现各种偏见。接收过多不公正的信息，会导致我们对某些群体和事物产生完全错误的认知和理解。

即使是受过训练的媒体记者，也极易因为自身的立场和喜恶，对特定的事物或群体带有个人喜好，不自觉地进行评判。最后，人们接收了这些信息，就容易慢慢形成偏见。

　　一般而言，不公正的信息往往是不准确的、错误的和极端的，甚至是一种有意为之的恶意。如果我们想要避免不公正信息的陷阱，就需要用到前面提到的"无群体思考"的方法来检验这些信息，避免个人立场、视角、态度和偏见引起的错误认识。

　　判断信息优劣的第六个标准是条件性。绝大多数论断都会有一些成立的条件，有一定的适用边界。有的条件是客观的约束，有的条件是我们内在的假设、世俗的观念或者是特别的信念。

　　举个例子，某则新闻报道"一女子剧烈咳嗽后视网膜脱落""一男子被海虾刺伤后感染身亡"。如果我们仔细去阅读这些新闻就会发现，他们的情况都有一些条件。比如，他们存在一些自身的疾病或者免疫系统衰退等，才会使得小问题变成大问题。

　　如果得出一个结论或者判断没有基于充分的条件，那么很可能就会出现以偏概全，将特例当作普遍的情况。因此，我们在接收信息时，一定要注意这些结论或者判断的条件。

信息的诡计

　　前面讲了判断信息质量的标准。接下来，我们一起了解不满足这些标准的一些信息会出现什么偏差。

　　我们经常会听到一个词"逻辑谬误"，指代各种充满错误的、有偏见的、带有问题的、充满歧义的论断和结论。其实，人们之所以会犯各种各

样的"逻辑谬误"，是因为缺乏对信息的"质量检查"。接下来，我们一起
了解"不合格"的信息都是怎样的。

高质量的信息具有完整性、清晰性、准确性、相关性、公正性和条
件性。反之，**低质量的信息则具有片面性、模糊性、偏差性、低相关性、
偏见性或以偏概全。几乎所有的低质量信息，都会出现各种各样的逻辑
谬误。**

如果信息具有片面性，就可能会犯下片面真相、虚假对立等逻辑问
题；如果信息具有模糊性，就可能会出现神枪手谬误等逻辑问题；如果信
息具有偏差性，就可能会出现轻率归纳、稻草人谬误、乱附因果等问题；
如果信息之间的相关性很低，就会出现滑坡谬误、诉诸无关权威等逻辑问
题；如果信息具有偏见性，就会出现人身攻击、诉诸虚伪、诉诸恐惧、诉
诸潮流、罪恶关联、起源谬误等逻辑问题；如果信息存在以偏概全的问
题，就很容易出现诉诸结果、以偏概全、滑坡谬误的问题。

接下来，我们针对一些常见的、典型的低质量信息进行分析。

片面性

如果我们获取的信息具有片面性，那么我们很容易被片面真相、虚假
对立等逻辑问题影响。

片面真相的例子，前文中已经多次提及。不全面的信息可有会导致我
们做出错误的判断、选择、推测和决定。

举个例子，如果我们得知 A 打了 B，那么我们会认为 A 必须为此承

担责任。但是，我们又得知，B 在挨打前辱骂了 A 半小时，那么我们就会认为 B 也需要承担相应的责任。后来，我们得到了更全面的信息，A 之所以被辱骂，是因为 B 偷了 A 的手机被抓住。那么我们的想法又会发生改变。

因此，缺乏足够的信息，会导致片面真相的错误，进而影响我们的判断和思考。

接下来，我们主要了解"虚假对立"问题和应对策略。

记得有一次，我一边喝水一边刷朋友圈时看到这么一句话："嘴不饶人心地善，心不饶人嘴上甜；心善之人敢直言，嘴甜之人藏迷奸。"我使出了毕生所学，用真气憋住了差点喷出来的水，然后把这个发朋友圈的亲戚和点赞的人的朋友圈全屏蔽了。

这句话到底有什么问题呢？这实际上就是一种虚假对立：他们试图用对称和押韵的形式，给一些事物强加对立关系，进而让人觉得很有道理。一般低认知的人很容易受这种形式的影响。

嘴不饶人的人就是心地善良的人吗？心不饶人的人嘴巴就甜吗？心善和敢直言有关系吗？嘴甜之人就一定有坏心思吗？

显然不是。相反，嘴不饶人，也就是喜欢言语攻击，这本身就是一种不考虑他人感受的表现。这类行为更像是一种作恶，而非善良。再者，嘴甜的人不一定善良，也未必有坏心思。这就像你的家人或朋友为了让你开心，会用各种方式哄你，让你满足，但他们并没有什么不好的目的。

人们说，这类话就是在为他们的言语恶毒找借口。貌似转发了这句话，实际他们是在欺骗自己：我虽然嘴巴恶毒，但我还是一个心地善良的人，那些说话好听的人才是坏人。

当然，还有很多类似的虚假对立。比如"小丑在殿堂，大师在流浪""好看的皮囊千篇一律，有趣的灵魂万里挑一""丑人多作怪""高分低能"……

"小丑在殿堂，大师在流浪"，这句话是一种虚假对立。大部分上得了"殿堂"的人都是有一定实力的人，他们经过一层又一层体系的筛选脱颖而出，即使这套体系会有漏网之鱼，那也是小概率事件。更多时候，小丑没法上殿堂，真的有才的大师也难以被淹没在人群之中。

"好看的皮囊千篇一律，有趣的灵魂万里挑一"，这句话也是一种虚假对立。因为好看的人更多时候也是万里挑一的，你可以发现好看的人有相似的地方，但也各有各的不同。同样地，有趣的人有相同点，也有不同点。

而且，这句话很容易让人觉得好看和有趣是对立的，但是它们并不矛盾，好看的人也可以很有趣。我们没必要为了衬托有趣的灵魂，而贬低好看的外貌。

如此种种，我们可以看到非常多"虚假对立"的例子。它们的内核是一样的：通过形式的对立，让我们误以为事实的对立。那么，怎么避免被这种逻辑误导呢？

对于虚假对立的言论分析，我常用的思考工具是四象限法则。

比如我看到"高分低能"这样的言论，那么我就会把能力作为一个维度，分数作为一个维度，这样可以得到高分高能、高分低能、低分高能、低分低能四种情况，进而分析多种可能性（见图7-1）。这样就不容易一下子被对方带入沟里。

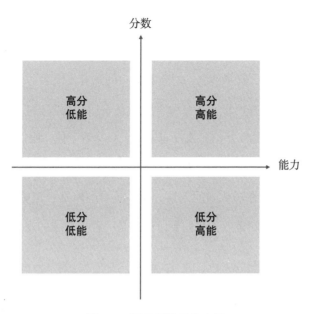

图 7-1　四象限法则的应用

　　这种方法对于前面说到的虚假对立的言论也同样适用，它可以帮助我们思考各种不同的组合，不容易被对称的形式所影响。大家可以自己去尝试一下。这可以帮助我们快速判断一些看上去有道理，实则漏洞百出的言论。

　　总之，"永远不要相信诗人为了押韵写下的句子，无论它们看上去多有道理"。

模糊性

　　如果信息存在模糊不清的问题，善于诡辩的人就会利用这些模糊的空间，操纵我们的思维。

有一次我参加一场 5 个人的聚会。讨论的过程中，有一个人（A）说了句"一个人对自己有多不满，就会对身边的人有多厌恶"。他说完后，B持反对意见，C 若有所思，D 在玩手机没认真听。而我内心在冷笑，"哪里学来的神棍心理学"？但是我没有说话，只是看了他一眼。

B 反驳了几句后，A 说"你看 C 都在点头了"。我又想，"原来一个观点正确与否要看在场认同的人数，而不是看逻辑是否正确"。当然，这些都不是我想讨论的重点。我们要讨论的是一种更普遍的现象——神枪手谬误。

A 忽视了所有反对看法，单纯挑选一个可能赞同他观点的人作为证据。这种做法实际上是一种常见的逻辑谬误，我们称之为神枪手谬误。这种错误就像一个人先把子弹射向一面墙，然后以子弹射中的点为中心画一个靶子。这样每一发子弹都射中靶心，看上去俨然一个神枪手。

1. "真正的苏格兰人"

神枪手谬误就是一个先有观点，再寻找有利证据，忽视不利证据的过程。这里有一个"真正的苏格兰人"笑话。

有一个教授说："苏格兰人从来不在喝粥时加糖。"

"报告！"有一个学生说，"我是苏格兰人，我喝粥时加糖。"

"哦，"教授继续说，"真正的苏格兰人从不在喝粥时加糖。"

这个教授想通过加一个"真正的"，剔除掉这个喝粥时加糖的苏格兰人。他已经把结论定在那里，随后一旦出现相悖的证据，他就会通过各种方法将它们剔除。

这种现象在生活中随处可见。我记得有一次看到一个新闻，一个明星的粉丝对一个普通人进行网络暴力。因为影响过大，被官媒批评。然后一群粉丝说"他们都是假粉丝，真正的粉丝都是很温和、善良的"。还有，如果热搜信息是对他们偶像不利的，他们就会说"那是竞争者买的黑热搜"，等等。

这些都是典型的神枪手谬误，他们认为××的粉丝都是有素质的，没素质的都不是真正的粉丝。××的行为都是好的，坏的行为就是被恶意剪辑出来的。他们对不利证据视而不见，又或者直接否定那些证据。

2. 选择性证据

我看过一个关于两个群体的素质比较的视频，观察他们看到掉在地上的钱包时的反应。第一个群体都是看到钱包就拿走，第二个群体则全是拾金不昧。然后视频给出结论：第一个群体素质有多差，第二个群体素质有多好。

事实上，这种选择性证据非常滑稽。因为有人按着同样的套路，得出了相反的结论。他们完全可以按照想要的结果进行剪辑。然而一些人很轻易地就跟着视频的节奏去思考，上面说什么就信什么。

很多所谓的街拍就是在各种不同的回答中，剪辑出大家想看的答案，删除大家不想看的部分。那些判别力较弱的人就很容易陷入这类陷阱之中，误以为那是大多数人的观点。

一些成功学的教学过程也是如此。他们认定了某个品质会成功，然后举出很多与此相关的例子，但是忽视所有与此相悖的证据，或者更重要的线索。比如他们想说学历不重要，就会举出"比尔·盖茨、乔布斯从大学退学，照样成功"的例子。然后他们忽视其他影响他们获得成就的因素，也忽视那些因为学历而改变命运的人。

3."没有证据，创造证据"

我曾看过一个综艺，里面有一个人行为比较暴力，时不时就会动手打人。很多人看了之后批评这个人的暴力行为，但是他的粉丝集体出动，一直强调这是真性情、是直率、是跟对方关系好的表现。

好像没有实力的人都有一些特点：不是真性情、人品好就是非常努力。这些都是典型的神枪手谬误。粉丝为了维护一个人的形象，将所有的证据都往正面的方向去解读。

一些无良媒体的新闻创作也会用这种方式操纵民意。他们会选择大量对他们观点有利的信息进行报道，而忽视不利的信息，进而创作出他们想要的内容。

那么，怎样才能减少这类逻辑错误呢？我觉得比较简单的方法是"主题思考法"。

当我们看到一个观点时，我们可以阅读与这个观点相关的信息和资料。即使我们一开始可能带有一定的偏见，但随着我们看到的信息越来越多，就会得到一个尽可能全面的观点。

有人告诉你世界是三角形的，但是你看过四方形的世界，那么你就不容易轻信他的观点，同时也会对自己的观点进行审视。通过"主题思考"的方式，你可以看到更为全面的信息，这样也不容易被人带偏。

总之，如果缺乏对这个世界的批判，就很容易落入逻辑陷阱之中。

其他逻辑问题

轻率归纳的逻辑问题，是因为信息本身的偏差性。人们因为自身的立场、经验、视角和思维，将自己有限的经验作为看待某类事物的圭臬。比如，前面所提到的道格拉斯·亚当斯提出的"科技三定律"，深刻地指出了人们轻率归纳的思维问题。

滑坡谬误等逻辑问题，是因为信息之间的因果关系过于薄弱，甚至将可能性当成因果作为推测的基础。

举个例子，"我们不能让人们无节制地上网，他们会在网络中放纵自己，沉迷于色情内容和游戏，用不了多久，他们就会无心工作，社会生产就会停滞，最终导致社会关系的瓦解，我们又会过上原始社会般的生活"。

推断本应该是一种可能性的推测，但是在这个例子中，它将可能性当成了必然的事情，最后推导出一个必然的恶果。

如果信息缺乏公正性，就会出现各种具有偏见的逻辑谬误。比如，罪恶关联，即将个体妖魔化，进而反对对方的观点。

举个例子，A 说"人与人之间是有差别的"，B 反驳说"你说的话，跟种族灭绝主义者一模一样，令人震惊"。

在这里，B 并不是直接反对 A 的观点，而是让大家将 A 的观点与种族灭绝主义者进行关联，进而影响大家的认知。

当信息缺乏条件性时，就会出现各种以偏概全的逻辑问题，如诉诸结果，即用结果来证明他人的对错。

举个例子，A 建议 B 说"不要抽烟喝酒，否则你会出现很多健康问题"。结果 B 不仅没有健康问题，还长命百岁。一些人就会用这个结果来证明 A 是一个骗子，只会危言耸听。这其实就是诉诸结果。我们只有了解信息推论的条件和概率，才能够避免这类逻辑谬误。

逻辑谬误有非常多的类型，无法一一列举。但是万变不离其宗，我们只要牢牢掌握信息的质量标准，就可以识别出绝大多数存在问题的信息。

知识的种子

毫无疑问，我们每个人都生活在充满偏见的世界。没有人能够掌握所有的真理，没有人能够了解全部事实，也没有人能够完全客观地去理解所有事物。

偏见的产生，有的是因为无知、有的是因为立场、有的是因为观念、有的是因为错误的理解、有的是因为片面的视角。

我见过一个心理学博士迷信星座，并且与其他同学讨论着如何用星座认识自己；我也见过物理学教授痴迷于各种保健品，听说别人不健康就买来送给他；我也见过很多极为成功的企业家热衷于各种心灵课程，深陷其中，无法自拔；我也见识了一些网友在不了解实情时就妄下定论，信誓旦旦；见识了人们因为立场和群体问题，罔顾事实，自说自话。

这些偏见对我们的影响，有的可能只是造成一些小的误会；有的会让我们产生有问题的价值观；有的可能会导致我们对事物产生严重的误判；有的甚至会成为我们不断失败、不停倒霉的根源。

当思维受到各种偏见的影响时，我们的选择、判断、决策、推理和表达的质量都会受到影响，解决问题的能力也会受到干扰。而我们生活的质量正是由我们的思维和解决问题的能力决定的。可以预见，一个充满偏见的人，往往会伴随低质量的生活。

因此，提高思维的质量，才能提高生活的质量。

当我们的思维能力越来越强时，无论学习哪个领域的知识，都会比其他人学得更多、懂得更快、犯更少的错误。我们也就更容易走上一条较为幸运的道路。相反，如果我们无法克服思维中的偏见，那么我们很可能会遇到更多的麻烦和失败，并且需要付出更多的时间和精力。毫无疑问，这些偏见会让我们走向一条更为不幸的道路。

人类为什么能够不断地改造世界，提高生活质量？是因为我们在不断地运用知识解决一个又一个问题，不断地加深对事物的理解，不断地克服自身的偏见。我们否定了地心说、摒弃了神创论、解开了各种世俗观念的枷锁，正是这些进步，我们才慢慢地找到了正确认识世界、改造世界的道路。

对于个体也是如此。我们需要了解知识的功能、了解偏见产生的机制、了解思维的特性、了解事物的原理。这样才可能正确地描述事物、解释机制、预测未来和改变自我，甚至改造世界。同时，我们要对自身存在的系统性偏见保持警醒，减少错误信息的干扰，让自己尽可能做出更好的判断和选择。这些都是提高生活质量的必经之路。

也许读完这本书，你会很快就忘了书中的细节，但是我希望你能够因为这本书坚信一个观点——知识就是力量！

这句话就是一颗种子，是知识的种子，也是成长的种子。在我读初三的时候，我就坚信这句话。也正是这句话，成为我学习的一股力量；正是这句话，让我能够从农村走向城市；正是这句话，让我在大学创业的时候避开了很多陷阱；也正是这句话，让我的积累足够在 22 岁的时候出版第一本书；也正是这句话，让我少走了很多年的弯路。

　　我希望这颗种子也能够在你的身上发芽、生长和成熟。我希望你能够爱上学习、阅读、观察、分析和思考。我相信你的努力，会在未来的某个时刻长出意想不到的成果。

　　最后，感谢每一个帮助过我的人，感谢为这本书默默付出的工作人员，也感谢每一个读者的认同。一切尽在不言中。

参考文献

自序

[1] Smith R X, Yan L, Wang D. Multiple time scale complexity analysis of resting state fMRI[J]. Brain Imaging & Behavior, 2014, 8(2): 284.

[2] Saxe G N, Calderone D, Morales L J. Brain entropy and human intelligence: A resting-state fMRI study[J]. Plos One , 2018, 13(2): e0191582.

前言

[1] Ackoff R. From data to wisdom[J]. Journal of Applied Systems Analysis, 1989(16): 3–9.

[2] Rudin C. Stop explaining black box machine learning models for high stakes decisions and use interpretable models instead[J]. Nature Machine Intelligence, 2019, 1: 206–215.

第一章

[1] 曹俊. 最纯净的水是蓝色的 [EB/OL]. [2011-8].

[2] Atkinson R C, Shiffrin R M. Human memory: a proposed system and its control processes [J]. Psychology of Learning and Motivation, 1968, 2: 89–195.

[3] Rosenblum L, See What I'm Saying: The Extraordinary Powers of Our Five

Senses[M]. New York：W. W. Norton & Company, 2010.

[4] 迈尔斯. 社会心理学（原书第 8 版）[M]. 侯玉波等，译. 北京：人民邮电出版社，2006.

[5] 林崇德. 心理学大辞典 [M]. 上海：上海教育出版社，2003.

[6] Kanizsa G. Margini quasi-percettivi in campi con stimolazione omogenea[J]. Rivista di Psicologia, 1954，49 (1): 7–30.

[7] Rumelhart D E, James L. McClellane, PDP resarch group. Parallel Distributed Processing: Explorations in the Microstructure of Cognition[M]. Bradford: A Bradford Book, 2016.

[8] Gregory R. Brainy mind[J]. British Medical Journal, 1998(317): 1693–1695.

[9] Berry D C. Donald Broadbent and applied cognitive psychology[J]. Applied Cognitive Psychology, 1995, 9(7): S1–S4.

[10] Chabris C F，Simons D J. Gorillas in our midst: sustained inattentional blindness for dynamic events[J]. Perception, 2019, 28(9): 1059–1074.

[11] Dunn M. Wine: fine wine or passable plonk: can anyone really tell the difference[J]. Proctor, 2013, 33(8): 53.

[12] 彭聃龄. 普通心理学（原书第 4 版）[M]. 北京：北京师范大学出版社，2012.

[13] Bloom A. Strategies for Modern Living：A Commentary With the Text of the Tannisho[M]. Berkeley: Numata Centre, 1992.

[14] 韦登. 心理学导论（原书第 9 版）[M]. 高定国等，译. 北京：机械工业出版社，2016.

[15] Özgen E. Language, learning, and color perception[J]. Current Directions in Psychological Science, 2004, 13(3): 95–98.

[16] 路德维希·维特根斯坦. 逻辑哲学论 [M]. 贺绍甲，译. 北京：商务印书馆，2017.

[17] 理查德·保罗，琳达·埃尔德. 批判性思维工具（原书第 3 版）[M]. 侯玉波等，译. 北京：机械工业出版社，2013.

第二章

[1] Jess Drake. Introduction to Logic[M]. New York：Macmillan, 2018.

[2] 麦克伦尼. 简单的逻辑学 [M]. 赵明燕，译. 浙江人民出版社，2013.

[3] Hume D. A Treatise on Human Nature[M]. Oxford：Clarendon Press, 1888.

[4] Pham K, et al. High coffee consumption, brain volume and risk of dementia and stroke[J]. Nutritional Neuroscience, 2021(2): 1−12.

[5] 朱迪亚·珀尔，达纳·麦肯齐. 为什么：关于因果关系的新科学 [M]. 江生，于华，译. 北京：中信出版社，2019.

[6] Cartanyà-Hueso À, González-Marrón A, Lidón-Moyano C, et al. Association between leisure screen time and junk food intake in a nationwide representative sample of spanish children (1−14 years): a cross-sectional study[C]//Healthcare. Multidisciplinary Digital Publishing Institute, 2021, 9(2): 228.

[7] 林崇德. 心理学大辞典 [M]. 上海：上海教育出版社，2003.

[8] Becky Little. Four of History's Worst Political Predictions[EB/OL]. [2016−11−8].

第三章

[1] Silver N. The Signal and the Noise : Why So Many Predictions Fail—But Some Don't [M]. New York: Penguin Press, 2012.

[2] Rescher N. Predicting the Future: An Introduction to the Theory of Forecasting[M]. New York：State University of New York Press, 1998.

[3] 斯科特·佩奇. 模型思维 [M]. 贾拥民，译. 杭州：浙江人民出版社，2019.

[4] Kelley H H. The process of causal attribution[J]. American Psychologist, 1973, 28(2): 107-128.

第四章

[1] 维纳. 控制论 [M]. 王文浩，译. 北京：商务印书馆，2020.

[2] Shannon C E. A mathematical theory of communication[J]. The Bell System Technical Journal, 1948, 27(3): 379-423 & 623-656.

[3] Peterson W, Birdsall T, Fox W. The theory of signal detectability[J]. Transactions of the IRE Professional Group on Information Theory, 1954, [2003-1-6]

[4] Mees A I. Dynamics of Feedback Systems[M]. New Jersey：John Wiley & Sons, 1981.

[5] Srinivasan B. Words of advice: teaching enzyme kinetics[J]. The FEBS Journal, 2021, 288(7): 2068-2083.

[6] Deming W E. Out of the Crisis[M]. Cambridge：The MIT Press, 2000.

第五章

[1] Piaget J, Inhelder B. The Psychology of the Child[M]. New York：Basic Books, 1969.

[2] Newton L. Overconfidence in the communication of intent: heard and unheard melodies[D]. Stanford University, 1990.

[3] 汉斯·罗斯林，欧拉·罗斯林，安娜·罗斯林·罗朗德. 事实：用数据思

考，避免情绪化决策 [M]. 张征，译. 上海：文汇出版社，2019.

[4] Myers D G. The inflated self: human illusions and the biblical call to hope[J]. Hope, 1980, 26(5).

[5] MacCoun R. Blaming others to a fault?[J]. Chance, 1993, 6(4): 31−18.

[6] 戴维·迈尔斯. 社会心理学：第 8 版 [M]. 侯玉波等，译. 北京：人民邮电出版社，2006.

[7] Tajfel H, Billig M G, Bundy R P, et al. Social categorization and intergroup behaviour[J]. European Journal of Social Psychology, 1971, 1(2): 149−178.

[8] Britannica, The Editors of Encyclopaedia. "laws of thought". Encyclopedia Britannica, 21 May. 2020.

[9] Pariser E. The Filter Bubble: What the Internet Is Hiding From You[M]. New York: Penguin Press, 2011.

[10] Smith H M. Henry VIII and the Reformation[M]. New York：Russell & Russell, 1962.

第六章

[1] 朱迪亚·珀尔，达纳·麦肯齐. 为什么：关于因果关系的新科学 [M]. 江生，于华，译. 北京：中信出版社，2019.

[2] Tversky A, Slovic P, Kahneman D. *Judgment Under Uncertainty: Heuristics and Biases*[M]. Cambridge：Cambridge University Press, 1982.

[3] Pohl R. Cognitive Illusions: A Handbook on Fallacies and Biases in Thinking, Judgement and Memory[M]. London：Psychology Press, 2004.

[4] Dunning P, Sherman D A. Stereotypes and tacit inference[J]. Journal of Personality

and Social Psychology, 1997, 73(3): 459-471.

[5] Stroebe W, Jonas K, Stangor C, et al. Development and change of national stereotypes and attitudes during visits in foreign-countries[J]. International Journal Of Psychology, 1996, 26: 663–675.

[6] Milgram S. The small world problem[J]. Psychology Today, 1967, 2(1): 60-67.

[7] Bakhshandeh R, Samadi M, Azimifar Z, et al. Degrees of separation in social networks[C]. International Symposium on Combinatorial Search. 2011, 2(1).

[8] 道格拉斯·亚当斯. 困惑的三文鱼：在银河系的最后一次搭车 [M]. 姚向辉，译. 长沙：湖南文艺出版社，2019.

[9] Dennis N A, Cabeza R. *Neuroimaging of Healthy Cognitive Aging*[M]//The handbook of aging and cognition. London：Psychology Press, 2011: 10-63.

第七章

[1] 赫克托·麦克唐纳. 后真相时代：当真相被操纵、利用，我们该如何看、如何听、如何思考 [M]. 刘青山，译. 北京：民主与建设出版社，2019.

[2] Hill A. The environment and disease: association or causation?[J]. Proceedings of the Royal Society of Medicine, 1965, 58 (5): 295–300.